ズバッ

新しい数学 2年

東京書籍

この本の構成と特色

この本は，東京書籍版教科書「新しい数学２年」に完全に対応した**要点まとめ本**です。教科書の内容が要領よくまとめられていますので，定期テスト直前にすばやく効果的に暗記・学習することができます。

各節の項目ごとに教科書の要点をまとめてあります。テストの直前にもう一度確認しておきましょう。

テストによく出る問題を例題形式で取り上げ，解き方を示してあります。

基本的な用語や公式を確認する問題です。時間がないときは，ここだけでもチェックしておきましょう。

節ごとの内容をどれくらい理解できているか確認する問題です。

定期テストを想定した予想問題です。力だめしにチャレンジしてみましょう。

暗記用フィルターの使い方

暗記してほしい大切な項目や問題の答は，フィルターを上にのせると見えなくなるような赤色になっています。

目次

1章 文字式を使って説明しよう ——式の計算

1節 式の計算

❶ 多項式の計算 教 p.12~p.16

単項式（たんこうしき）……数や文字についての**乗法だけ**でつくられた式。

例　$2x$，$3a^2$，$5xy$

多項式（たこうしき）……**単項式の和の形**で表された式。

例　$3x+4$，$2a^2+3ab+1$

項（こう）……多項式のなかの，ひとつひとつの単項式を，多項式の**項**という。

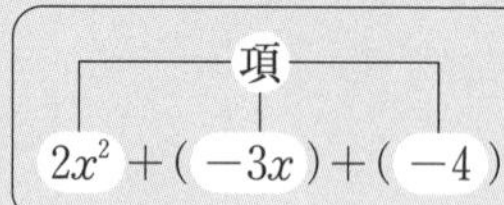

次数（じすう）……単項式でかけられている**文字の個数**。

例　$4ab$ の次数は 2　　$4ab=4\times a\times b$

$-x^2y$ の次数は 3　　$-x^2y=(-1)\times x\times x\times y$

多項式の次数……**各項の次数のうちでもっとも大きいもの**。次数が1の式を1次式，2の式を2次式という。

例　$2x^3+3x^2-5x$ の次数は3なので，3次式となる。

$2x^3$（次数3）＋$3x^2$（次数2）＋$(-5x)$（次数1）⇨ 3次式

a や2など，1つの文字や1つの数も単項式だよ。

重要例題

例題1　多項式 $3x-2y-4$ の項は，$3x$，$\boxed{-2y}$，$\boxed{-4}$

例題2　単項式 $7x^2y$ の次数は $\boxed{3}$ である。

例題3　多項式 $\dfrac{x^2}{5}-4x+\dfrac{2}{3}$ は $\boxed{2}$ 次式，

多項式 $6a^3b^2-a^2+4b$ は $\boxed{5}$ 次式である。

$6a^3b^2$…次数5
$-a^2$…次数2
$4b$…次数1

同類項（どうるいこう）……文字の部分が同じである項。分配法則を使って1つの項にまとめることができる。

例　$4x+6y-2x+5y$
$=4x-2x+6y+5y$　項を並べかえる
$=(4-2)x+(6+5)y$　同類項をまとめる
$=2x+11y$

$7x$ と $-2x$ や $-ab$ と $8ab$ は同類項だね。x^2 と x は次数が異なるので同類項ではないよ。

多項式の加法と減法……加法ではすべての項を加える。減法では，**ひくほうの各項の符号**（ふごう）**を変えて**加える。

例　$(3x+5y)+(2x-4y)$
$=3x+5y+2x-4y$
$=3x+2x+5y-4y$
$=5x+y$

$(3x+5y)-(2x-4y)$
$=3x+5y-2x+4y$
$=3x-2x+5y+4y$
$=x+9y$

★次のように，同類項を縦にそろえて計算してもよい。

例
$$\begin{array}{r} 3x+5y \\ +)\ 2x-4y \\ \hline 5x+\ y \end{array} \qquad \begin{array}{r} 3x+5y \\ -)\ 2x-4y \\ \hline x+9y \end{array} \quad \Rightarrow \quad \begin{array}{r} 3x+5y \\ +)\ -2x+4y \\ \hline x+9y \end{array}$$

重要例題

例題1 (1)　$8x-7y-7x+6y=8x-7x-7y+6y$
$=\boxed{x-y}$

(2)　$3x^2+2x-5x^2+x=3x^2-5x^2+\boxed{2x}+x=\boxed{-2x^2+3x}$

例題2 (1)　$(5x+6y)+(x-3y)=5x+6y+\boxed{x-3y}$
$=5x+x+\boxed{6y-3y}=\boxed{6x+3y}$

(2)　$(3a-2b)-(a-b)=3a-2b-\boxed{a+b}=\boxed{2a-b}$

(3)　$(x^2+8x)-(4x^2+2x)=x^2+8x-\boxed{4x^2-2x}=\boxed{-3x^2+6x}$

(4)　$(2a^2-a+5)-(3a^2+7a-4)$
$=2a^2-a+5-\boxed{3a^2-7a+4}=\boxed{-a^2-8a+9}$

要点

多項式と数の乗法……**分配法則**を使って計算する。

例

$$-3(4x-2y+1)=-12x+6y-3$$

多項式と数の乗法では，(　)の中の項にひとつひとつ数をかけていくんだね。

多項式と数の除法……**乗法になおして**計算する。

例 $(9a-6b)\div 3$

$=(9a-6b)\times\frac{1}{3}$　わる数の逆数をかける

$=9a\times\frac{1}{3}-6b\times\frac{1}{3}$　分配法則を利用する

$=3a-2b$　$\overset{3}{\cancel{9}}a\times\frac{1}{\underset{1}{\cancel{3}}}-\overset{2}{\cancel{6}}b\times\frac{1}{\underset{1}{\cancel{3}}}$

(数)×(多項式)の加減……分配法則を使って**かっこをはずし**，同類項をまとめる。

例 $3(2x-y)-4(2x-3y)$

$=6x-3y-8x+12y$　かっこをはずす

$=-2x+9y$　同類項をまとめる

例題

例題 1 (1)　$3(2a-5b)=$ **$6a-15b$**

(2)　$-2(4x^2-3x+5)=$ **$-8x^2+6x-10$**

例題 2 (1)　$(8a-12b)\div(-4)=(8a-12b)\times$ $\left(-\frac{1}{4}\right)$

$=$ **$-2a+3b$**

(2)　$(6x^2+9x-3)\div 3=(6x^2+9x-3)\times$ $\frac{1}{3}$ $=$ **$2x^2+3x-1$**

例題 3 (1)　$2(x-2y)+3(x+2y)=2x-$ **$4y$** $+3x+$ **$6y$**

$=2x+3x-$ **$4y$** $+$ **$6y$** $=$ **$5x+2y$**

(2)　$2(5x+y)-3(x-2y)=$ **$10x$** $+2y$ **$-$** $3x$ **$+$** $6y$

$=$ **$10x$** $-$ **$3x$** $+2y$ **$+$** $6y=$ **$7x+8y$**

要点　**分数の形の式の加減**……**通分**して，同類項をまとめる。

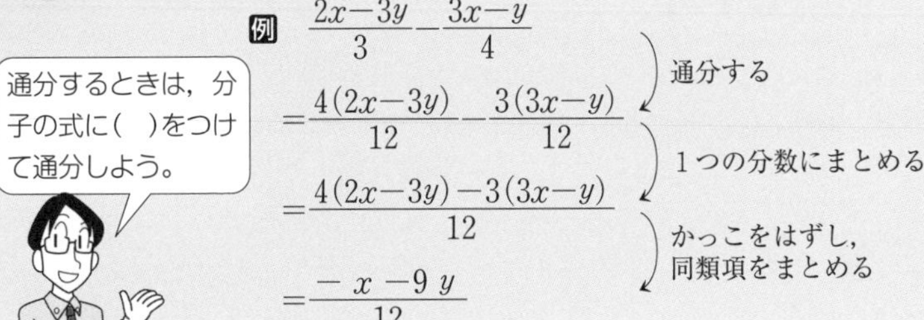

通分するときは，分子の式に(　)をつけて通分しよう。

例
$$\frac{2x-3y}{3}-\frac{3x-y}{4}$$
通分する
$$=\frac{4(2x-3y)}{12}-\frac{3(3x-y)}{12}$$
1つの分数にまとめる
$$=\frac{4(2x-3y)-3(3x-y)}{12}$$
かっこをはずし，同類項をまとめる
$$=\frac{-x-9y}{12}$$

★次のように，**(分数)×(多項式)**の形になおして計算してもよい。

$$\frac{2x-3y}{3}-\frac{3x-y}{4}=\underbrace{\frac{1}{3}(2x-3y)-\frac{1}{4}(3x-y)}_{(分数)\times(多項式)}$$

$$=\frac{2}{3}x-y-\frac{3}{4}x+\frac{1}{4}y\overset{通分}{=}\frac{8}{12}x-\frac{9}{12}x-\frac{4}{4}y+\frac{1}{4}y\overset{同類項をまとめる}{=}-\frac{1}{12}x-\frac{3}{4}y$$

重要例題

例題1　$\frac{3x+y}{4}-\frac{x-y}{3}$ を2通りの方法で計算しなさい。

〈解答〉　①　$\frac{3x+y}{4}-\frac{x-y}{3}=\frac{\boxed{3}(3x+y)-\boxed{4}(x-y)}{\boxed{12}}$ ←通分する

$$=\frac{\boxed{9x}+\boxed{3y}-\boxed{4x}+\boxed{4y}}{\boxed{12}}=\frac{\boxed{5}x+\boxed{7}y}{\boxed{12}}$$

②　$\frac{3x+y}{4}-\frac{x-y}{3}=\boxed{\frac{1}{4}}(\boxed{3x+y})-\boxed{\frac{1}{3}}(\boxed{x-y})$ ←(分数)×(多項式)の形になおす

$$=\boxed{\frac{3}{4}}x+\boxed{\frac{1}{4}}y-\boxed{\frac{1}{3}}x+\boxed{\frac{1}{3}}y$$

$$=\boxed{\frac{5}{12}}x+\boxed{\frac{7}{12}}y$$

❷ 単項式の乗法と除法　教 p.17〜p.19

単項式どうしの乗法……係数の積に文字の積をかける。

$$4x \times (-3y) = -12xy$$

（文字の積：$x \times y = xy$，係数の積：$4 \times (-3) = -12$）

文字をふくむ分数でも，数のときと同じように約分できるよ。

単項式どうしの除法……分数の形で表して計算する。

$$16xy \div 4x = \frac{16xy}{4x} = \frac{\overset{4}{\cancel{16}} \times \overset{1}{\cancel{x}} \times y}{\underset{1}{\cancel{4}} \times \underset{1}{\cancel{x}}} = 4y$$

㊟ 分数でわるときは，わる数(単項式)の逆数をかける。

$$\frac{3}{8}xy \div \frac{6}{7}y = \frac{3}{8}xy \times \frac{7}{6y} = \frac{\overset{1}{\cancel{3}} \times x \times \overset{1}{\cancel{y}} \times 7}{8 \times \underset{2}{\cancel{6}} \times \underset{1}{\cancel{y}}}$$

$$= \frac{7}{16}x$$

$\frac{6}{7}y$ の逆数は $\frac{7}{6y}$ だよ。

重要例題

例題1 (1)　$7x \times (-5y) = 7 \times (-5) \times x \times y = \boxed{-35xy}$

(2)　$(-ab) \times 4a = -4 \times a \times b \times \boxed{a} = \boxed{-4a^2b}$

(3)　$(-2x)^3 = (-2x) \times \boxed{(-2x)} \times \boxed{(-2x)} = \boxed{-8x^3}$

(4)　$3a^2b \times (-b)^2 = 3 \times a \times a \times b \times (-b) \times (-b) = \boxed{3a^2b^3}$

例題2 (1)　$6ab \div (-3a) = \frac{6ab}{\boxed{-3a}} = -\frac{6 \times a \times b}{\boxed{3} \times \boxed{a}}$

$$= \boxed{-2b}$$

(2)　$\frac{2}{15}a^2b \div \frac{2}{3}ab^2 = \frac{2}{15}a^2b \times \boxed{\frac{3}{2ab^2}} = \frac{2 \times a \times a \times b \times \boxed{3}}{15 \times \boxed{2 \times a \times b \times b}}$

$$= \boxed{\frac{a}{5b}}$$

乗法と除法の混じった式の計算……分数の形で表して計算する。

$$xy\times x\div y^2=\frac{xy\times x}{y^2}=\frac{x\times \overset{1}{\cancel{y}}\times x}{\underset{1}{\cancel{y}}\times y}=\frac{x^2}{y}$$

例題

例題 1 (1) $x\times xy\div xy^2=\frac{x\times \boxed{xy}}{\boxed{xy^2}}=\frac{x\times \boxed{x}\times \boxed{y}}{\boxed{x\times y\times y}}=\boxed{\frac{x}{y}}$

(2) $a^2b\div b^2\times ab=\frac{a^2b\times \boxed{ab}}{\boxed{b^2}}=\frac{a\times a\times b\times \boxed{a\times b}}{\boxed{b\times b}}=\boxed{a^3}$

(3) $6x^3\div 3x\div(-4x)=\boxed{-\frac{6x^3}{3x\times 4x}}=-\frac{6\times x\times x\times x}{\boxed{3\times x\times 4\times x}}$

$=\boxed{-\frac{1}{2}x}$

(4) $(4a)^2\div 8a\times(-a)=-\frac{\boxed{16}\,a^2\times \boxed{a}}{\boxed{8a}}=-\frac{16\times a\times a\times a}{\boxed{8a}}$

$=\boxed{-2a^2}$

例題 2 底面の半径が $x$cm，高さが $y$cm の円錐Pと，底面の半径が $y$cm，高さが $x$cm の円錐Qの体積の比を求めなさい。

〈解答〉

円錐Pの体積は $\boxed{\frac{1}{3}}\times\pi\times\boxed{x^2}\times\boxed{y}=\boxed{\frac{1}{3}\pi x^2y}$ (cm³)

円錐Qの体積は $\boxed{\frac{1}{3}}\times\pi\times\boxed{y^2}\times\boxed{x}=\boxed{\frac{1}{3}\pi xy^2}$ (cm³)

(円錐の体積) $=\frac{1}{3}\times\pi\times$(底面の半径)$^2\times$(高さ)

したがって，円錐PとQの体積の比は，

$\boxed{\frac{1}{3}\pi x^2y}:\boxed{\frac{1}{3}\pi xy^2}=\boxed{x}:\boxed{y}$

式の値（あたい）

式の値の求め方……式を計算してから数を代入するほうが，式の値が求めやすくなる場合がある。

式のなかの文字を数でおきかえることを代入，代入して計算した結果を式の値といったね。

例　$a=2$，$b=-3$ のとき，

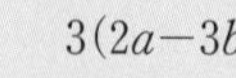

$3(2a-3b)-2(2a-5b)$ の式の値を求めなさい。

〈解答〉

$3(2a-3b)-2(2a-5b)$

$=6a-9b-4a+10b=2a+b$　（代入する前に式を計算する）

$2a+b$ に，$a=2$，$b=-3$ を代入する。

$2a+b=2\times2+(-3)=1$　　　答　1

例題

例題 1　$x=-2$，$y=-3$ のとき，x^2-5y の式の値を求めなさい。

〈解答〉　$x^2-5y=$ $\boxed{(-2)^2}$ $-5\times$ $\boxed{(-3)}$　←負の数は（　）をつけて代入する

$=$ $\boxed{4+15}$ $=$ $\boxed{19}$

例題 2　$a=-2$，$b=5$ のとき，$3(a-2b)-2(3a-5b)$ の式の値を求めなさい。

〈解答〉　$3(a-2b)-2(3a-5b)$

$=3a-$ $\boxed{6b}$ $-$ $\boxed{6a+10b}$　（代入する前に式を計算する）

$=$ $\boxed{-3a+4b}$

この式に $a=-2$，$b=5$ を代入すると，

$\boxed{-3}$ $\times(-2)+$ $\boxed{4}$ $\times5=$ $\boxed{26}$

例題 3　$x=4$，$y=-5$ のとき，$6x^2y\div2xy\times y$ の式の値を求めなさい。

〈解答〉　$6x^2y\div2xy\times y=\dfrac{6x^2y\times\boxed{y}}{\boxed{2xy}}=$ $\boxed{3xy}$

この式に $x=4$，$y=-5$ を代入すると，

$\boxed{3}$ $\times4\times$ $\boxed{(-5)}$ $=$ $\boxed{-60}$

用語・公式 check!

□ $3x$，$2ab$ などのように，数や文字についての乗法だけでつくられた式を何というか。	単項式
□ $2x+5$，$3a^2+5ab+b^2$ などのように，単項式の和の形で表された式を何というか。	多項式
□ $2x-y+1$ の項をいいなさい。	$2x$，$-y$，1
□ $-15xy^3$ の次数は □ である。	4
□ $5a-b$ は □ 次式である。	1
□ $3ab^2-2a^2+b-4$ は □ 次式である。	3
□ $7a-2b-2a=$ □	$5a-2b$
□ $2x^2-8x-x^2=$ □	x^2-8x
□ $-3(a-b)=$ □	$-3a+3b$
□ $-3(a+b)=$ □	$-3a-3b$
□ $(4a-2b)\div 2=$ □	$2a-b$
□ $3(x+y)-2(2x-3y)$ $=3x+3y-\boxed{①}x\boxed{②}6y$	①4　②＋
□ $\dfrac{5x-y}{2}-\dfrac{x+y}{3}=\dfrac{\boxed{①}(5x-y)-\boxed{②}(x+y)}{\boxed{③}}$	①3　②2 ③6
□ $\dfrac{5x-y}{2}-\dfrac{x+y}{3}=\boxed{①}(5x-y)-\boxed{②}(x+y)$	①$\dfrac{1}{2}$　②$\dfrac{1}{3}$
□ $2x\times 3y=$ □	$6xy$
□ $-x\times 2xy=$ □	$-2x^2y$
□ $(2x)^2=$ □	$4x^2$
□ $ab\div a=$ □	b
□ $4xy\div(-2y)=$ □	$-2x$
□ $ab\div a\times b=\dfrac{ab\times\boxed{①}}{\boxed{②}}$	①b　②a

節末練習問題 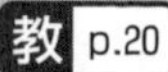

〔多項式の項と次数〕

1 多項式 $3x^2-4x+7$ について，次の問に答えなさい。

(1) 項をいいなさい。 （ $3x^2$, $-4x$, 7 ）

(2) 何次式か答えなさい。 （ 2 次式 ）

〔多項式の計算〕

2 次の計算をしなさい。

(1) $3a-2b+5a+6b$ （ $8a+4b$ ）

(2) $4x^2+3x-2x^2-6x$ （ $2x^2-3x$ ）

(3) $(3a+2b)+(a-4b)$ （ $4a-2b$ ）

(4) $(3x-5y)-(4x+y)$ （ $-x-6y$ ）

でる **3** 次の計算をしなさい。

(1) $-5(6x-2)$ （ $-30x+10$ ）

(2) $(21a-56)\div 7$ （ $3a-8$ ）

(3) $3(2a+3b)+4(a-2b)$ （ $10a+b$ ）

(4) $6(x-3y)-3(x-5y)$ （ $3x-3y$ ）

4 次の計算をしなさい。

(1) $\dfrac{a+2b}{5}+\dfrac{a-2b}{2}$ （ $\dfrac{7a-6b}{10}$ ）

(2) $\dfrac{6x-3y}{2}-\dfrac{7x-5y}{4}$ （ $\dfrac{5x-y}{4}$ ）

〔単項式の乗法と除法〕

5 次の計算をしなさい。

(1) $(-3a)\times 5b$ （ $-15ab$ ）

(2) $6xy^2\div 3xy$ （ $2y$ ）

(3) $(-2b)^3\times 3a$ （ $-24ab^3$ ）

(4) $6ab^2\div 4a^2b\times 2a$ （ $3b$ ）

〔式の値〕

6 $a=2$, $b=-2$ のとき，$5(3a+2b)-7(2a+b)$ の式の値を求めなさい。

$15a+10b-14a-7b=a+3b=2+3\times(-2)$ （ -4 ）

2 節 文字式の利用

❶ 式による説明 教 p.22〜p.24

5 つの続いた整数の表し方

n, $n+1$, $n+2$, $n+3$, $n+4$

$n-2$, $n-1$, n, $n+1$, $n+2$ など

2 けたの自然数の表し方

十の位を x, 一の位を y とすると,

・もとの数 ⇨ $10x+y$

・位を入れかえた数 ⇨ $10y+x$

十の位が 2，一の位が 7 の数は, $10\times2+7=27$ となるね。

★ 5 の倍数を表す式は, n が整数のとき, $5n$ や $5(n+1)$ など, $5\times$(整数) の形で表される。

㊟ 2 けたの自然数を $x+y$ や xy などとしない。

5 の倍数となることを説明するには, 式が $5n$ や $5(n+1)$ などになることを示せばいいね。

重要 例題

例題 1 5 つの続いた整数の和は 5 の倍数である。このわけを, 文字を使って説明しなさい。

〈解答〉 中央の整数をnとすると,

1 つ前の数は $\boxed{n-1}$, 2 つ前の数は $\boxed{n-2}$

1 つ後の数は $\boxed{n+1}$, 2 つ後の数は $\boxed{n+2}$

と表される。

具体的な数で確認

⇩

$1+2+3+4+5=\boxed{15}$

$5+6+7+8+9=\boxed{35}$

したがって, 5 つの続いた整数の和は,

$(\boxed{n-2})+(\boxed{n-1})+n+(\boxed{n+1})+(\boxed{n+2})=\boxed{5}n$

nは整数だから, $\boxed{5}n$ は 5 の倍数である。

したがって, 5 つの続いた整数の和は 5 の倍数である。

例題2 2けたの自然数と，その数の一の位の数字と十の位の数字を入れかえた数の差は，9の倍数になる。このわけを，文字を使って説明しなさい。

〈解答〉 はじめに考えた数の十の位を x，一の位を y とすると，

はじめの数は　$\boxed{10x}+y$

入れかえた数は　$\boxed{10y+x}$

と表される。したがって，それらの差は，

$(\boxed{10x}+y)-(\boxed{10y+x})=\boxed{9x-9y}=9(\boxed{x-y})$

$\boxed{x-y}$ は整数だから，$9(\boxed{x-y})$ は $\boxed{9の倍数}$ である。

したがって，2けたの自然数と，その数の一の位の数字と十の位の数字を入れかえた数の差は，9の倍数になる。

例題3 右の図は，ある月のカレンダーである。カレンダーでは，縦に並んだどの3つの数の和も，その中央の数の何倍かになっている。中央の数の何倍になるかを，文字を使って説明しなさい。

日	月	火	水	木	金	土
				1	2	3
4	5	6	7	8	9	10
11	12	13	14	15	16	17
18	19	20	21	22	23	24
25	26	27	28	29	30	31

〈解答〉

縦に並んだ3つの数のうち，中央の数を n とすると，

上にある数は　$\boxed{n-7}$

下にある数は　$\boxed{n+7}$

と表すことができる。

この3つの数の和は，

$\boxed{(n-7)}+n+\boxed{(n+7)}=\boxed{3n}$

したがって，カレンダーの縦に並んだ3つの数の和は，その中央の数の $\boxed{3}$ 倍になる。

具体的な数で確認

⇩

$1+8+15=\boxed{24}$

→ $8\times\boxed{3}$

$13+20+27=\boxed{60}$

→ $20\times\boxed{3}$

❷ 等式の変形　教 p.27〜p.29

「xについて解く」
ということは，
式を　$x=$……
というように変形
することだね。

1つの文字について解く……等式を，ある文字について解くには，**他の文字を数と考えて**，方程式を解くように変形する。

例　$2x+5y=30$ から，y を求める式を導く。

$2x$ を移項すると，$5y=\mathbf{-2x}+30$

両辺を 5 でわると，$y=-\dfrac{2}{5}x+6$

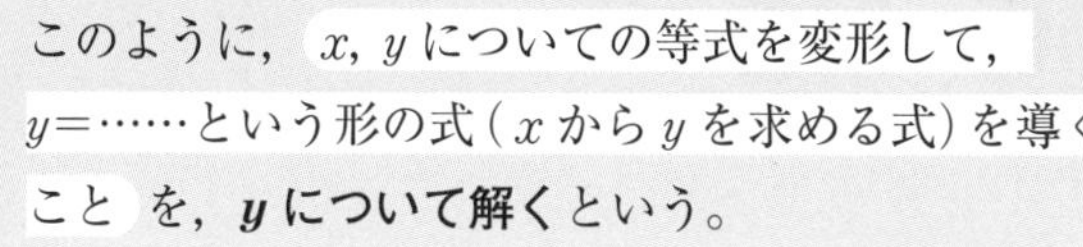

このように，x，y についての等式を変形して，$y=$……という形の式（x から y を求める式）を導くことを，**y について解く**という。

重要例題

例題 1　$3x+2y=4$ を y について解きなさい。

〈解答〉　$3x+2y=4$

$3x$ を移項すると，　$2y=\boxed{-3x}+4$

両辺を 2 でわると，　$y=\boxed{-\dfrac{3}{2}x+2}$

例題 2　$180=a+b+c$ を a について解きなさい。

〈解答〉　$180=a+b+c$

左辺と右辺を入れかえると，　$\boxed{a+b+c}=\boxed{180}$

b と c を移項すると，　$a=\boxed{180-b-c}$

例題 3　$a=2(b+c)$ を c について解きなさい。

〈解答〉　$a=2(b+c)$

かっこをはずすと，　$a=\boxed{2b+2c}$

左辺と右辺を入れかえると，　$\boxed{2b+2c}=a$

$2b$ を移項すると，　$\boxed{2c}=a-\boxed{2b}$

両辺を 2 でわると，　$c=\boxed{\dfrac{1}{2}a-b}$

例題 4 $y=\frac{1}{2}ax^2$ を a について解きなさい。

〈解答〉 $y=\frac{1}{2}ax^2$

両辺に 2 をかけると， $\boxed{2y}=\boxed{ax^2}$

左辺と右辺を入れかえると， $\boxed{ax^2}=\boxed{2y}$

両辺を x^2 でわると， $a=\boxed{\frac{2y}{x^2}}$

用語・公式 check!

□ 3 つの続いた整数を n を使って表すとき，もっとも小さい整数を n とすると，n，①，② と表される。また，中央の整数を n とすると，③，n，④ と表される。	① $n+1$ ② $n+2$ ③ $n-1$ ④ $n+1$
□ 3 つの続いた整数の和は，中央の整数を n とすると $(n-1)+n+(n+1)=\square$ となる。	$3n$
□ n を整数とするとき，$7(n+2)$ の式で表される数は □ の倍数である。	7
□ 2 けたの自然数の十の位を a，一の位を b とするとき，この自然数はどのように表されるか。	$10a+b$
また，この自然数の十の位の数字と一の位の数字を入れかえた数はどのように表されるか。	$10b+a$
□ $x+y=5$ を x について解くとどうなるか。	$x=-y+5$
□ $x+y=5$ を y について解くとどうなるか。	$y=-x+5$
□ $x-y=4$ を x について解くとどうなるか。	$x=y+4$
□ $x-y=4$ を y について解くとどうなるか。	$y=x-4$
□ $S=ab$ を a について解くとどうなるか。	$a=\frac{S}{b}$
□ $y=\frac{x}{2}$ を x について解くとどうなるか。	$x=2y$

節末練習問題 教 p.29

〔式による説明〕

1 4つの続いた整数の和は偶数になる。このわけを，4つの続いた整数のうち，もっとも小さい整数を n として，説明しなさい。

アドバイス

4つの続いた整数の和が 2×(整数) の形で表されることを示す。

4つの続いた整数のうち，もっとも小さい整数を n とすると，
4つの続いた整数は

n，$n+1$，$n+2$，$n+3$

と表される。したがって，それらの和は

$$n+(n+1)+(n+2)+(n+3)$$
$$=4n+6$$
$$=2(2n+3)$$

$2n+3$ は整数だから，$2(2n+3)$ は偶数である。
したがって，4つの続いた整数の和は偶数になる。

〔等式の変形〕

でる **2** 次の等式を〔　〕の中の文字について解きなさい。

(1) $2x+y=5$ 〔x〕　　($x=-\frac{y}{2}+\frac{5}{2}$)

(2) $S=\frac{1}{2}ah$ 〔a〕　　($a=\frac{2S}{h}$)

(3) $6a-3b=8$ 〔b〕　　($b=2a-\frac{8}{3}$)

(4) $S=5(a-b)$ 〔a〕　　($a=\frac{S}{5}+b$)

(5) $y=-7a^2x$ 〔x〕　　($x=-\frac{y}{7a^2}$)

定期テスト対策

1 次の式の項をいいなさい。

(1) $4ab-a+2b-9$

（ $4ab,\ -a,\ 2b,\ -9$ ）

(2) $-x^2-6x+7$

（ $-x^2,\ -6x,\ 7$ ）

2 次の式の次数をいいなさい。

(1) $-8a^2b^3$

（ 5 ）

(2) $xy^3-2x^2y-x^3+5$

（ 4 ）

3 次の計算をしなさい。

(1) $7a-2b+a-5b$ （ $8a-7b$ ）

(2) $3x^2-5x-4x^2-8x$ （ $-x^2-13x$ ）

(3) $(2a-3b)+(a-5b)$ （ $3a-8b$ ）

(4) $(3x^2-2x)-(5x^2-x)=3x^2-2x-5x^2+x$ （ $-2x^2-x$ ）

(5) $(5x^2-6xy+6)-(2x^2-4)$

$=5x^2-6xy+6-2x^2+4$ （ $3x^2-6xy+10$ ）

(6) $(-6a+8b-2)-(-2a+b+4)$

$=-6a+8b-2+2a-b-4$ （ $-4a+7b-6$ ）

4 次の計算をしなさい。

(1) $3(x+4y)$

（ $3x+12y$ ）

(2) $-6(2x-y)$

（ $-12x+6y$ ）

(3) $\frac{1}{4}(2x^2-6xy-4)$ （ $\frac{1}{2}x^2-\frac{3}{2}xy-1$ ）

(4) $(6a^2-ab-2)\times(-2)$ （ $-12a^2+2ab+4$ ）

(5) $(21a-14b)\div 7=(21a-14b)\times\frac{1}{7}$ （ $3a-2b$ ）

(6) $(-6a+18b)\div(-3)=(-6a+18b)\times\left(-\frac{1}{3}\right)$ （ $2a-6b$ ）

でる **5** 次の計算をしなさい。

(1) $3(2x+3y)+2(x-2y)=6x+9y+2x-4y$ （ $8x+5y$ ）

(2) $-(a-2b)-3(2a+b)=-a+2b-6a-3b$ （ $-7a-b$ ）

(3) $4(x-2y)-2(3x+y)=4x-8y-6x-2y$ （ $-2x-10y$ ）

6 次の計算をしなさい。

(1) $4x\times(-3x)$ （ $-12x^2$ ）

(2) $(-a)^2\times5a$ （ $5a^3$ ）

(3) $8xy\div(-4y)$
$=-\frac{8xy}{4y}$ （ $-2x$ ）

(4) $6x^2\div(-x)$
$=-\frac{6x^2}{x}$ （ $-6x$ ）

(5) $2x^2y\div\frac{x}{3}$
$=2x^2y\times\frac{3}{x}$ （ $6xy$ ）

(6) $a^2\times6b\div3ab$
$=\frac{a^2\times6b}{3ab}$ （ $2a$ ）

7 $a=\frac{1}{3}$，$b=-2$ のとき，次の式の値を求めなさい。

(1) $3(3a-2b)-(6a-b)$
$=3a-5b$
$=3\times\frac{1}{3}-5\times(-2)$ （ 11 ）

(2) $6ab^2\div3b=2ab=2\times\frac{1}{3}\times(-2)$ （ $-\frac{4}{3}$ ）

8 次の計算をしなさい。

(1) $\frac{x-y}{2}+\frac{x+3y}{3}=\frac{3(x-y)+2(x+3y)}{6}$ （ $\frac{5x+3y}{6}$ ）

(2) $\frac{2x-3y}{3}-\frac{2x-y}{4}=\frac{4(2x-3y)-3(2x-y)}{12}$ （ $\frac{2x-9y}{12}$ ）

(3) $x-\{x^2-(3x-2)+1\}$
$=x-(x^2-3x+2+1)=x-x^2+3x-3$ （ $-x^2+4x-3$ ）

でる **9** 次の等式を〔　〕の中の文字について解きなさい。

(1) $m=\frac{a-b}{3}$ 〔b〕 $3m=a-b$ （ $b=a-3m$ ）

(2) $x=\frac{2}{3}ab^2$ 〔a〕 $3x=2ab^2$，$2ab^2=3x$ （ $a=\frac{3x}{2b^2}$ ）

10 右の図のように，A～Dの４つの場所に，自然数を１から順に書いていく。

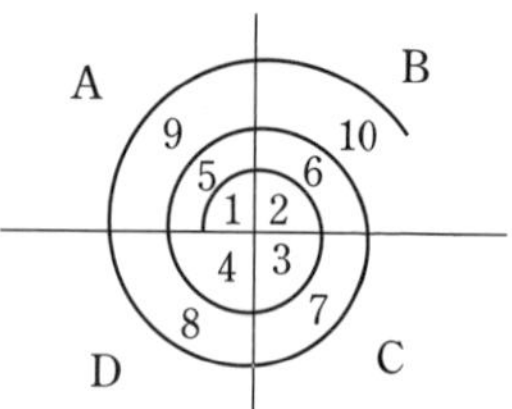

(1) 150はA～Dのどこに入るか。

Aは１に４の倍数をたした数，Bは２に４の倍数をたした数，Cは３に４の倍数をたした数，Dは４の倍数が入る。150÷4＝37あまり２より 150＝2＋4×37 なのでBに入る。

〔別解〕４でわったとき，１あまる数はA，２あまる数はB，３あまる数はC，わりきれる数はDに入る。150÷4＝37あまり２よりB　（　B　）

(2) Bにある数とCにある数から１つずつ選んで加えると，和はAにある数になる。このわけを，文字を使って説明しなさい。

m，n を０以上の整数とすると，Bにある数は $2+4m$，Cにある数は $3+4n$ と表される。それらの和は

$(2+4m)+(3+4n)=5+4m+4n=1+4(1+m+n)$

$1+m+n$ は整数だから，$1+4(1+m+n)$ は１に４の倍数をたした数である。したがって，Bにある数とCにある数を１つ選んで加えると，和はAにある数になる。

11 おうぎ形の弧の長さを ℓ，半径を r とすると，面積 S は，$S=\frac{1}{2}\ell r$ と表せることを示しなさい。

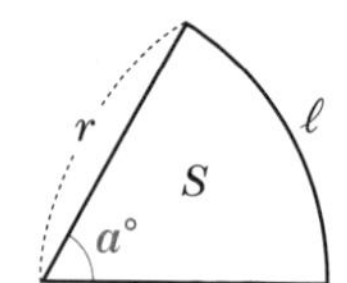

〈解答〉 おうぎ形の中心角を $a°$ とすると，

$\ell=\boxed{2\pi r}\times\frac{a}{360}$ と表すことができる。

両辺に $\frac{1}{2}r$ をかけると，　$\ell\times\frac{1}{2}r=\boxed{2\pi r}\times\frac{a}{360}\times\frac{1}{2}r$

$$\frac{1}{2}\ell r=\boxed{\pi r^2}\times\frac{a}{360}$$

半径が r，中心角が $a°$ のおうぎ形の面積 S は，$S=\boxed{\pi r^2}\times\frac{a}{360}$ と表すことができるので，$S=\frac{1}{2}\boxed{\ell r}$ と表せる。

12 $A=3x+y$, $B=2x-y$ として，次の式を計算しなさい。

(1) $2A-5B$

$=2(3x+y)-5(2x-y)=6x+2y-10x+5y$ ($-4x+7y$)

(2) $3A-(2A-3B)$

$=3A-2A+3B=A+3B=(3x+y)+3(2x-y)$ ($9x-2y$)
$=3x+y+6x-3y$

この考え方も身につけよう

数の表し方

・3つの続いた偶数……$2n$，$2n+2$，$2n+4$
($2n-2$，$2n$，$2n+2$)

・3つの続いた奇数……$2n+1$，$2n+3$，$2n+5$
($2n-1$，$2n+1$，$2n+3$)

・2つの偶数……$2n$ と $2m$

・2つの奇数……$2n+1$ と $2m+1$

偶数は
2，4，6，8，…
+2 +2 +2
のように，2ずつ増えるから，続いた偶数は，$2n$，$2n+2$，…となるよ。奇数も同じだね。

注「2つの偶数」というとき，2つの数の間に関係はない。このようなときは，2つの数を別の文字で表す。$2n$，$2n+2$ とすると，「2つの続いた偶数」となってしまう。「2つの奇数」でも同様である。

問　3つの続いた奇数の和は3の倍数になることを，文字を使って説明しなさい。

〈解答〉　n が整数のとき，3つの続いた奇数のうち，もっとも小さい奇数を $2n+1$ とすると，3つの続いた奇数は，$2n+1$，[$2n+3$]，[$2n+5$] と表される。したがって，それらの和は

$(2n+1)+($[$2n+3$]$)+($[$2n+5$]$)=$[6]$n+$[9]

$=3($[$2n+3$]$)$

$2n+3$ は整数だから，$3(2n+3)$ は [3] の倍数である。したがって，3つの続いた奇数の和は，3の倍数になる。

2章 方程式を利用して問題を解決しよう ―連立方程式

1節 連立方程式とその解き方

❶ 連立方程式とその解 教 p.38~p.39

連立方程式の解は，2つの式がどちらも成り立つものだよ。

2元1次方程式（げん）……$x+y=8$ のように，**2つの文字をふくむ**1次方程式。

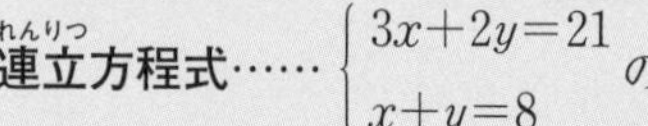

連立方程式（れんりつ）……$\begin{cases} 3x+2y=21 \\ x+y=8 \end{cases}$ のように，**2つ以上の方程式**を組み合わせたもの。

解（かい）……連立方程式を成り立たせる文字の値の組。解を求めることを，連立方程式を**解く**（と）という。

★1年で学習した方程式は，1元1次方程式という。

重要例題

例題1 次の x，y の値の組のなかで，

連立方程式 $\begin{cases} 3x+2y=21 & \cdots\cdots① \\ x+y=8 & \cdots\cdots② \end{cases}$ の解はどれか。

㋐ $x=6$，$y=2$ ㋑ $x=-1$，$y=12$ ㋒ $x=5$，$y=3$

〈解答〉 ㋐：$x=6$，$y=2$ を①に代入すると，

$3\times$ [6] $+2\times$ [2] $=$ [22]，よって，㋐は解で [ない]。

㋑：$x=-1$，$y=12$ を①に代入すると，

$3\times$ [(−1)] $+2\times$ [12] $=$ [21] ←①は成り立つ

②に代入すると，[(−1)] $+$ [12] $=$ [11] ←②は成り立たない

よって，㋑は解で [ない]。

㋒：$x=5$，$y=3$ を①に代入すると，

$3\times$ [5] $+2\times$ [3] $=$ [21] ←①は成り立つ

②に代入すると，[5] $+$ [3] $=$ [8] ←②は成り立つ

よって，㋒は解で [ある]。

答 ㋒

❷ 連立方程式の解き方 教 p.40〜p.45

加減法(かげんほう)……連立方程式の上の式と下の式の両辺を加えたりひいたりして，1つだけの文字の式をつくり，解を求める解き方。

文字yをふくむ2つの方程式から，yをふくまない1つの方程式をつくることを，yを**消去**(しょうきょ)**する**というよ。

例 $\begin{cases} 4x+3y=10 \cdots\cdots ① \\ 2x+3y=8 \quad \cdots\cdots ② \end{cases}$ ← yの係数が等しいので，①の式から②の式をひくとyが消える

①の両辺から②の両辺をひくと，

$$\begin{array}{rr} & 4x+3y=10 \\ -) & 2x+3y=\ \ 8 \\ \hline & 2x \qquad =\ \ 2 \end{array} \leftarrow \left[\begin{array}{l} 4x-2x=2x \\ 3y-3y=0 \\ 10-8=2 \end{array}\right.$$

$x=1 \cdots\cdots ③$

③を①に代入すると，←②に代入してもよい

$4\times 1+3y=10$

$3y=6$

$y=2$

$\left(\begin{array}{l} 2\times 1+3y=8 \\ 3y=6,\ y=2 \end{array}\right)$

答　$x=1$，$y=2$

★上の式と下の式で，文字の係数の絶対値が等しくないときは，それぞれの式を何倍かして，どちらかの係数がそろうようにする。

例題

例題1 次の連立方程式を解きなさい。

$\begin{cases} -5x-6y=2 \quad \cdots\cdots ① \\ 5x-y=12 \quad \cdots\cdots ② \end{cases}$

〈解答〉 ①と②を[加える]とxを消去できる。

$$\begin{array}{rr} & -5x-6y=\ \ 2 \\ +) & 5x-\ \ y=12 \\ \hline \end{array}$$

[$-7y$]$=14$，$y=$[-2] ……③

③を②に代入すると，$5x-$([-2])$=12$

$5x=$[10]，$x=$[2]

答　$x=2$，$y=-2$

例題 2 次の連立方程式を解きなさい。

(1) $\begin{cases} -x+3y=1 & \cdots\cdots① \\ 3x-5y=1 & \cdots\cdots② \end{cases}$　　(2) $\begin{cases} 5x+4y=-1 & \cdots\cdots① \\ 3x+2y=1 & \cdots\cdots② \end{cases}$

〈解答〉 (1) ①を $\boxed{3}$ 倍すると x の係数(の絶対値)がそろう。

①×$\boxed{3}$　　$\boxed{-3x+9y=3}$

②　　$+)\ \ 3x-5y=1$

$4y=\boxed{4}$, $y=\boxed{1}$ ……③

③を①に代入すると，$-x+3\times\boxed{1}=1$

$-x=\boxed{-2}$, $x=\boxed{2}$　　答　$x=2$, $y=1$

(2) ①　　$5x+4y=-1$

②×$\boxed{2}$　　$-)\ \boxed{6x+4y=2}$

$-x\ \ =\boxed{-3}$, $x=\boxed{3}$ ……③

③を②に代入すると，$3\times\boxed{3}+2y=1$

$2y=\boxed{-8}$, $y=\boxed{-4}$　　答　$x=3$, $y=-4$

例題 3 次の連立方程式を解きなさい。

(1) $\begin{cases} 2x+3y=1 & \cdots\cdots① \\ 5x+7y=3 & \cdots\cdots② \end{cases}$　　(2) $\begin{cases} 2x-3y=10 & \cdots\cdots① \\ 7x+2y=10 & \cdots\cdots② \end{cases}$

〈解答〉 (1) ①を5倍し，②を $\boxed{2}$ 倍すると x の係数がそろう。

①×5　　$10x+15y=5$

②×$\boxed{2}$　　$-)\ \boxed{10x+14y=6}$

$\boxed{y}=-1$ ……③

③を①に代入すると，$2x+3\times\boxed{(-1)}=1$

$2x=\boxed{4}$, $x=\boxed{2}$　　答　$x=2$, $y=-1$

(2) ①×2　　$4x-6y=20$

②×$\boxed{3}$　　$+)\ \boxed{21x+6y=30}$

$\boxed{25}x\ \ =\boxed{50}$, $x=\boxed{2}$ ……③

③を①に代入すると，$2\times\boxed{2}-3y=10$

$-3y=\boxed{6}$, $y=\boxed{-2}$　　答　$x=2$, $y=-2$

代入法（だいにゅうほう）……一方の式を他方の式に代入することによって文字を消去して解を求める解き方。

$x=\cdots$ や $y=\cdots$ の形の式があるときや，一方の式を簡単に $x=\cdots$ や $y=\cdots$ に変形できるときは，代入法を用いるといいよ。

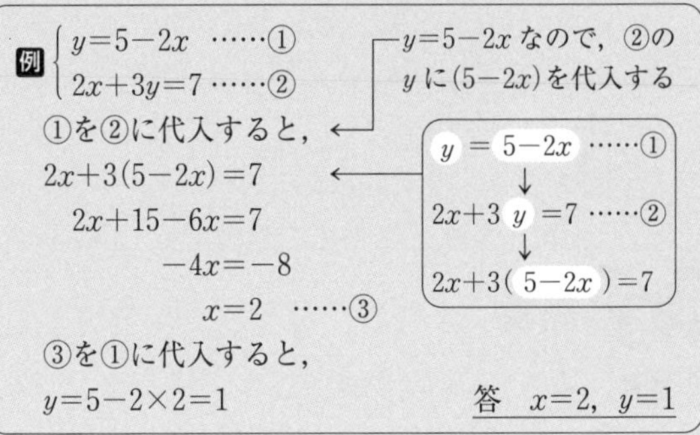

例 $\begin{cases} y=5-2x & \cdots\cdots① \\ 2x+3y=7 & \cdots\cdots② \end{cases}$

$y=5-2x$ なので，②の y に $(5-2x)$ を代入する

①を②に代入すると，

$2x+3(5-2x)=7$

$2x+15-6x=7$

$-4x=-8$

$x=2 \quad \cdots\cdots③$

③を①に代入すると，

$y=5-2\times2=1$

答　$x=2,\ y=1$

重要例題

例題1 次の連立方程式を解きなさい。

(1) $\begin{cases} 3x-4y=10 & \cdots\cdots① \\ y=3-2x & \cdots\cdots② \end{cases}$　　(2) $\begin{cases} y=5x-2 & \cdots\cdots① \\ y=6+3x & \cdots\cdots② \end{cases}$

〈解答〉 (1) $y=3-2x$ なので，①の y に $\boxed{3-2x}$ を代入すると，

$3x-\boxed{4(3-2x)}=10$

$11x=\boxed{22}$，$x=\boxed{2} \quad \cdots\cdots③$

③を②に代入すると，

$y=\boxed{-1}$

答　**$x=2,\ y=-1$**

(2) $y=5x-2$ なので，②の y に $5x-2$ を代入すると，←加減法で解いてもよい

$\boxed{5x-2}=6+3x$

$\boxed{2x}=\boxed{8}$，$x=\boxed{4} \quad \cdots\cdots③$

③を①に代入すると，

$y=5\times\boxed{4}-2=\boxed{18}$

答　**$x=4,\ y=18$**

❸ いろいろな連立方程式　教 p.46~p.47

分数のない式に
なおすことを，
分母をはらうと
いったね。

かっこをふくむ連立方程式……かっこをはずし，整理してから解く。

分数をふくむ連立方程式……分数をふくむ式の両辺に最小公倍数をかけて，分数をふくまない式に変形してから解く。

重要例題

例題1 次の連立方程式を解きなさい。

(1) $\begin{cases} 3x-y=2 & \cdots\cdots ① \\ 4x-3(2x-y)=8 & \cdots\cdots ② \end{cases}$　(2) $\begin{cases} x-2y=10 & \cdots\cdots ① \\ \frac{1}{2}x+\frac{1}{3}y=1 & \cdots\cdots ② \end{cases}$

〈解答〉 (1) ②のかっこをはずして整理すると，

$\begin{cases} 3x-y=2 & \cdots\cdots ① \\ -2x+\boxed{3y}=8 & \cdots\cdots ③ \end{cases}$

$$\begin{array}{lrl} ①\times 3 & 9x-3y & =6 \\ ③ & +)\ -2x+\boxed{3y} & =8 \\ \hline & \boxed{7}x & =14,\ x=\boxed{2}\ \cdots\cdots ④ \end{array}$$

④を①に代入すると，$3\times\boxed{2}-y=2$

$-y=\boxed{-4}$，$y=\boxed{4}$　　　<u>答　$x=2$，$y=4$</u>

(2) ②の両辺に$\boxed{6}$をかけて分母をはらうと，←分母をはらうときは，分母の最小公倍数をかけるとよい

$\begin{cases} x-2y=10 \\ \boxed{3}x+\boxed{2}y=\boxed{6} \end{cases}$

$$\begin{array}{rl} x-2y & =10 \\ +)\ \boxed{3}x+\boxed{2}y & =\boxed{6} \\ \hline \boxed{4}x & =\boxed{16},\ x=\boxed{4}\ \cdots\cdots ③ \end{array}$$

③を①に代入すると，$\boxed{4}-2y=10$

$-2y=\boxed{6}$，$y=\boxed{-3}$　　　<u>答　$x=4$，$y=-3$</u>

小数をふくむ連立方程式……小数をふくむ式の両辺に10，100，…をかけて，小数をふくまない式に変形してから解く。

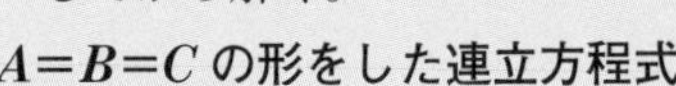

$A=B=C$ の形をした連立方程式

$\begin{cases} A=B \\ A=C \end{cases}$　$\begin{cases} A=B \\ B=C \end{cases}$　$\begin{cases} A=C \\ B=C \end{cases}$

の，どの組み合わせをつくって解いてもよい。

例題

例題 1　連立方程式 $\begin{cases} 0.2x+0.5y=3 & \cdots\cdots① \\ 2x-y=6 & \cdots\cdots② \end{cases}$ を解きなさい。

〈解答〉　①の両辺に［10］をかけると，

$\begin{cases} \boxed{2}x+\boxed{5}y=\boxed{30} \\ 2x-y=6 \end{cases}$

$$\begin{array}{rr} & \boxed{2}x+\boxed{5}y=\boxed{30} \\ -) & 2x-\ \ y=6 \\ \hline & \boxed{6}y=\boxed{24} \end{array}$$

$\boxed{6}y=\boxed{24}$，$y=\boxed{4}$　……③

③を②に代入すると，$2x-\boxed{4}=6$

$2x=\boxed{10}$，$x=\boxed{5}$

答　$x=5$，$y=4$

例題 2　連立方程式 $5x+2y=7x+3y=2$ を解きなさい。

〈解答〉　$\begin{cases} \boxed{5x+2y}=2 & \cdots\cdots① \\ \boxed{7x+3y}=2 & \cdots\cdots② \end{cases}$　←計算が簡単にできる組み合わせをつくる

$$\begin{array}{lrr} ①\times3 & & 15x+\boxed{6}y=6 \\ ②\times2 & -) & \boxed{14}x+\boxed{6}y=4 \\ \hline & & x\qquad=\boxed{2} \end{array}$$

$x=\boxed{2}$　……③

③を①に代入すると，$5\times\boxed{2}+2y=2$

$2y=\boxed{-8}$，$y=\boxed{-4}$

答　$x=2$，$y=-4$

例題3 連立方程式 $\begin{cases} ax-by=-8 & \cdots\cdots① \\ bx-ay=7 & \cdots\cdots② \end{cases}$ の解が，$x=3$，$y=2$ であるとき，a，b の値を求めなさい。

〈解答〉 ①，②に $x=3$，$y=2$ を代入すると，←

x=3，y=2は①，②の解なので，代入した式は成り立つ

$$\begin{cases} \boxed{3a-2b}=-8 \\ \boxed{3b-2a}=7 \end{cases}$$

となるので，この連立方程式を解いて，a，b を求めればよい。

この連立方程式を，a，b について整理すると，

$$\begin{cases} \boxed{3}a-\boxed{2}b=-8 & \cdots\cdots③ \\ \boxed{-2}a+\boxed{3}b=7 & \cdots\cdots④ \end{cases}$$

③×2　　$\boxed{6}a-\boxed{4}b=-16$

④×3　$+)\ \boxed{-6}a+\boxed{9}b=21$

$\boxed{5}b=5$，$b=\boxed{1}$ ……⑤

⑤を③に代入すると，$3a-2\times\boxed{1}=-8$

$3a=\boxed{-6}$，$a=\boxed{-2}$

答　$a=-2$，$b=1$

用語・公式 check!

□ $\begin{cases} 7x-8y=-9 & \cdots\cdots① \\ 9x+5y=19 & \cdots\cdots② \end{cases}$ を加減法で解くとき，①×□と②×8を加えればよい。　5

□ $\begin{cases} \frac{3}{5}x-y=\frac{1}{4} & \cdots\cdots① \\ x-2y=5 & \cdots\cdots② \end{cases}$ を解くときは，①の両辺に□をかけて，分母をはらってから解くとよい。　20

□ $\begin{cases} x+y=0 & \cdots\cdots① \\ 0.5x-0.2y=0.03 & \cdots\cdots② \end{cases}$ を解くときは，②の両辺に□をかけて，小数をふくまない式に変形してから解くとよい。　100

節末練習問題　教 p.48

〔連立方程式の解き方〕

1　次の連立方程式を解きなさい。

(1) $\begin{cases} 3x-2y=10 \\ 3x+2y=14 \end{cases}$

$$\begin{array}{rl} & 3x-2y=10 \\ +) & 3x+2y=14 \\ \hline & 6x \quad =24 \end{array}$$

$x=4$
$12-2y=10$
$-2y=-2,\ y=1$

($x=4,\ y=1$)

(2) $\begin{cases} 8x+2y=140 \\ 10x+2y=170 \end{cases}$

$$\begin{array}{rl} & 8x+2y=140 \\ -) & 10x+2y=170 \\ \hline & -2x \quad =-30 \end{array}$$

$x=15$
$150+2y=170$
$2y=20,\ y=10$

($x=15,\ y=10$)

(3) $\begin{cases} 3x-y=3 & \cdots\cdots① \\ x+2y=8 & \cdots\cdots② \end{cases}$

$$\begin{array}{lrl} ①\times2 & & 6x-2y=6 \\ ② & +) & x+2y=8 \\ \hline & & 7x \quad =14 \end{array}$$

$x=2$
$6-y=3$
$-y=-3,\ y=3$

($x=2,\ y=3$)

(4) $\begin{cases} 5x+7y=-1 & \cdots\cdots① \\ x+5y=7 & \cdots\cdots② \end{cases}$

$$\begin{array}{lrl} ① & & 5x+\ 7y=-1 \\ ②\times5 & -) & 5x+25y=35 \\ \hline & & -18y=-36 \end{array}$$

$y=2$
$x+10=7$
$x=-3$

($x=-3,\ y=2$)

(5) $\begin{cases} 7x+3y=5 & \cdots\cdots① \\ 3x-2y=12 & \cdots\cdots② \end{cases}$

$$\begin{array}{lrl} ①\times2 & & 14x+6y=10 \\ ②\times3 & +) & 9x-6y=36 \\ \hline & & 23x \quad =46 \end{array}$$

$x=2$
$6-2y=12$
$-2y=6$
$y=-3$

($x=2,\ y=-3$)

(6) $\begin{cases} 3x+4y=8 & \cdots\cdots① \\ 5x+7y=13 & \cdots\cdots② \end{cases}$

$$\begin{array}{lrl} ①\times5 & & 15x+20y=40 \\ ②\times3 & -) & 15x+21y=39 \\ \hline & & -y=1 \end{array}$$

$y=-1$
$3x-4=8$
$3x=12$
$x=4$

($x=4,\ y=-1$)

2　次の連立方程式を解きなさい。

(1) $\begin{cases} y=2x-1 \\ x+y=5 \end{cases}$

$x+(2x-1)=5,\ 3x-1=5,\ 3x=6$
$x=2,\ y=4-1=3$

($x=2,\ y=3$)

(2) $\begin{cases} y=3x-20 \\ y=-2x+20 \end{cases}$

$3x-20=-2x+20,\ 5x=40$
$x=8,\ y=24-20=4$

($x=8,\ y=4$)

2 節　連立方程式の利用

要点

❶ 連立方程式の利用　教 p.51〜p.53

連立方程式を利用した問題の解き方

① まず，**何を x，何を y** で表すかを決める。

② 数量の関係を見つけ，**2 つの方程式**をつくる。

例題

例題 1　1 個90円のオレンジと 1 個140円のりんごを合わせて20個買ったときの代金の合計が2200円であった。それぞれ何個買ったか求めなさい。

〈解答〉　オレンジを x 個，りんごを y 個買ったとすると，

$$\begin{cases} \boxed{x+y}=20 & \cdots\cdots① \\ \boxed{90}x+\boxed{140}y=\boxed{2200} & \cdots\cdots② \end{cases}$$

①×90　　$\boxed{90x+90y}=1800$

②　　$-)\ \boxed{90}x+\boxed{140}y=2200$

$\boxed{-50}y=-400$，$y=\boxed{8}$　……③

③を①に代入すると，$x=\boxed{12}$

これらは問題に適している。　　答　オレンジ12個，りんご 8 個

例題 2　ある博物館に入るとき，中学生 3 人とおとな 2 人では440円，中学生 5 人とおとな 4 人では800円かかる。中学生 1 人，おとな 1 人の入館料をそれぞれ求めなさい。

〈解答〉　中学生 1 人，おとな 1 人の入館料をそれぞれ x 円，y 円とすると，

$$\begin{cases} \boxed{3x}+2y=440 & \cdots\cdots① \\ 5x+\boxed{4y}=800 & \cdots\cdots② \end{cases}$$

①×2　　$\boxed{6x}+4y=880$

②　　$-)\ 5x+\boxed{4y}=800$

$x\qquad=\boxed{80}$　……③

③を①に代入すると，$\boxed{240}+2y=440$，$2y=\boxed{200}$，$y=\boxed{100}$

これらは問題に適している。　　答　中学生　80円　，おとな　100円

連立方程式の利用（速さの問題）

$(時間)=\dfrac{(道のり)}{(速さ)}$　の公式を利用して解く。

㊟求める数量と，xやyで表した数量が異なっていることに気をつける。

重要例題

例題1 Aさんは家から公園を通って5 kmはなれた図書館へ行った。公園までは時速8 kmで走り，公園から図書館までは時速4 kmで歩いたところ，1時間かかった。家から公園まで，公園から図書館までの道のりをそれぞれ求めなさい。

〈解答〉 家から公園までを$x$km，公園から図書館までを$y$kmとする。

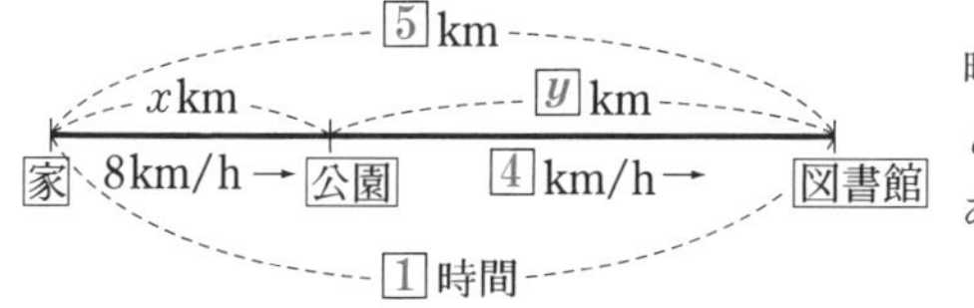

時速$a$kmの速さを$a$km/hと書くこともある。

$$\begin{cases} x+\boxed{y}=\boxed{5} & \cdots\cdots①（道のり） \\ \dfrac{x}{8}+\boxed{\dfrac{y}{4}}=\boxed{1} & \cdots\cdots②（時間） \end{cases}$$

	走ったとき	歩いたとき	全体
道のり(km)	x	y	5
速さ(km/h)	8	4	
時間(時間)	$\dfrac{x}{8}$	$\dfrac{y}{4}$	1

②の両辺に$\boxed{8}$をかけて分母をはらうと，

$$\begin{cases} x+\boxed{y}=\boxed{5} & \cdots\cdots① \\ x+\boxed{2y}=\boxed{8} & \cdots\cdots③ \end{cases}$$

①－③より，$-y=\boxed{-3}$，$y=\boxed{3}$　……④

④を①に代入すると，$x=\boxed{2}$

これらは問題に適している。

答　家から公園まで　2 km　，公園から図書館まで　3 km

連立方程式の利用（割合の問題）

$$（割合）=\frac{（比べられる量）}{（もとにする量）}$$

の公式を利用して解く。

例題

例題１ ある中学校の去年の生徒数は310人だったが，今年は11人減った。これを男女別で調べると，去年より，男子は５％，女子は２％，それぞれ減っていることがわかった。去年の男子，女子の生徒数はそれぞれ何人か求めなさい。

〈解答〉 去年の男子，女子の生徒数をそれぞれ x 人，y 人とすると，

	男子	女子	合計
去年の生徒数（人）	x	y	310
減った生徒数（人）	$\frac{5}{100}x$	$\frac{2}{100}y$	11

$$\begin{cases} \boxed{x+y}=310 & \cdots\cdots①（去年の生徒数） \\ \boxed{\frac{5}{100}}x+\boxed{\frac{2}{100}}y=\boxed{11} & \cdots\cdots②（減った生徒数） \end{cases}$$

←約分しないほうが分母をはらいやすい

②の両辺に $\boxed{100}$ をかけて分母をはらうと，

$$\begin{cases} \boxed{x+y}=310 & \cdots\cdots① \\ 5x+\boxed{2y}=\boxed{1100} & \cdots\cdots③ \end{cases}$$

$$\begin{array}{lrl} ①\times2 & \boxed{2x+2y} & =620 \\ ③ & -)\ 5x+\boxed{2y} & =\boxed{1100} \\ \hline & \boxed{-3}x & =\boxed{-480},\ x=\boxed{160}\ \cdots\cdots④ \end{array}$$

④を①に代入すると，$y=\boxed{150}$

これらは問題に適している。　　答　男子　160人　，女子　150人

用語・公式 check!

□180円の品物 x 個と，210円の品物 y 個の代金の合計は1590円であった。この関係を式で表しなさい。	$180x+210y=1590$
□xmの道のりを分速70mの速さで歩いたときにかかる時間を x を使って表しなさい。	$\frac{x}{70}$分
□駅まで行くのに，はじめの xmを分速70mの速さで歩き，残りの ymを分速80mの速さで走ったら4分かかった。この関係を式で表しなさい。	$\frac{x}{70}+\frac{y}{80}=4$
□500mはなれた公園に行くのに，はじめの xmを分速50mの速さで歩き，残りの ymを分速70mの速さで歩いたら8分で着いた。このとき，道のりの関係から［①］という式ができる。また，時間の関係から［②］という式ができる。	① $x+y=500$ ② $\frac{x}{50}+\frac{y}{70}=8$
□分速80mの速さで x 分間走った。このときに走った道のりを x を使って表しなさい。	$80x$ m
□510mはなれた駅に行くのに，はじめの x 分間を分速70mの速さで歩き，残りの y 分間を分速80mの速さで走ったら7分で着いた。このとき，時間の関係から［①］という式ができ，道のりの関係から［②］という式ができる。	① $x+y=7$ ② $70x+80y=510$
□x 人の7％の人数を x を使って表しなさい。	$\frac{7}{100}x$ 人
□ある中学校の去年の生徒数は450人であったが，今年は男子が4％，女子が5％増えたので，全体で20人増えた。去年の男子の人数を x 人，女子の人数を y 人とするとき，去年の生徒数の関係から［①］，増えた人数の関係から［②］という式ができる。	① $x+y=450$ ② $\frac{4}{100}x+\frac{5}{100}y=20$

節末練習・問題

〔連立方程式の利用〕

1　1冊120円のノートと1冊150円のノートを合わせて5冊買い，さらに140円の消しゴムを1個買ったら代金の合計は800円であった。120円のノートと150円のノートをそれぞれ何冊買ったか。

アドバイス

ノートだけの代金の合計を考える。

120円のノートを x 冊，150円のノートを y 冊買ったとすると，800－140＝660 より，

$$\begin{cases} x+y=5 & \cdots\cdots① \\ 120x+150y=660 & \cdots\cdots② \end{cases}$$

①×120－②より，$-30y=-60$，$y=2$

①に代入して，$x=3$

これらは問題に適している。（　120円のノート3冊，150円のノート2冊　）

でる **2**　鉛筆4本と色鉛筆5本を買うと代金の合計は820円になり，鉛筆と色鉛筆の本数を入れかえて買うと代金の合計は20円安くなる。鉛筆1本の値段と色鉛筆1本の値段をそれぞれ求めなさい。

鉛筆が x 円，色鉛筆が y 円とすると，

$$\begin{cases} 4x+5y=820 \\ 5x+4y=820-20 \end{cases}$$

整理して，

$$\begin{cases} 4x+5y=820 & \cdots\cdots① \\ 5x+4y=800 & \cdots\cdots② \end{cases}$$

$$\begin{array}{lr} ①\times5 & 20x+25y=4100 \\ ②\times4 & -)\ 20x+16y=3200 \\ \hline & 9y=900 \end{array}$$

$y=100$，①に代入して，$4x+500=820$

$4x=320$，$x=80$

これらは問題に適している。

（　鉛筆80円，色鉛筆100円　）

でる **3**　Aさんは8時に家を出発して，1400mはなれた駅に向かった。はじめは分速60mの速さで歩いていたが，列車に乗りおくれそうだったので，途中（とちゅう）から分速100mの速さで走ったところ，8時20分に駅に着いた。歩いた道のりと走った道のりを求めなさい。

歩いた道のりを xm，走った道のりを ymとすると，

$$\begin{cases} x+y=1400 & \cdots\cdots① \\ \dfrac{x}{60}+\dfrac{y}{100}=20 & \cdots\cdots② \end{cases}$$

②に300をかけて，

$$\begin{cases} x+y=1400 & \cdots\cdots① \\ 5x+3y=6000 & \cdots\cdots③ \end{cases}$$

①×5－③より　$y=500$，$x=900$

これらは問題に適している。（　歩いた道のり900m，走った道のり500m　）

定期テスト対策

1　次の連立方程式を解きなさい。

(1) $\begin{cases} 5x+2y=11 & \cdots\cdots① \\ -5x+4y=7 & \cdots\cdots② \end{cases}$

①+②　$6y=18$，$y=3$

$5x+6=11$，$5x=5$，$x=1$

（　$x=1$，$y=3$　）

(2) $\begin{cases} x=3y-3 \\ x=12-2y \end{cases}$

$3y-3=12-2y$，$5y=15$

$y=3$，$x=9-3=6$

（　$x=6$，$y=3$　）

(3) $\begin{cases} 4x+7y=10 & \cdots\cdots① \\ 3x+5y=7 & \cdots\cdots② \end{cases}$

$$\begin{array}{lrl} ①\times3 & 12x+21y=30 \\ ②\times4 & -\,)\ 12x+20y=28 \\ \hline & y=2 \end{array}$$

$4x+14=10$

$4x=-4$

$x=-1$

（　$x=-1$，$y=2$　）

(4) $\begin{cases} 9x-10y=47 & \cdots\cdots① \\ 7x+6y=9 & \cdots\cdots② \end{cases}$

$$\begin{array}{lrl} ①\times3 & 27x-30y=141 \\ ②\times5 & +\,)\ 35x+30y=45 \\ \hline & 62x\qquad=186 \\ & x\qquad=3 \end{array}$$

$27-10y=47$

$-10y=20$

$y=-2$

（　$x=3$，$y=-2$　）

2　次の連立方程式を解きなさい。

(1) $\begin{cases} 3x-2y=2 \\ 3(x+y)-y=46 \end{cases}$

$\begin{cases} 3x-2y=2 & \cdots\cdots① \\ 3x+2y=46 & \cdots\cdots② \end{cases}$

①+②　$6x=48$，$x=8$

$24-2y=2$，$-2y=-22$，$y=11$

（　$x=8$，$y=11$　）

(2) $\begin{cases} 0.7x+0.2y=5.4 \\ 9x-3y=-3 \end{cases}$

$\begin{cases} 7x+2y=54 & \cdots\cdots① \\ 9x-3y=-3 & \cdots\cdots② \end{cases}$

①×3+②×2　$39x=156$，$x=4$

$36-3y=-3$，$-3y=-39$，$y=13$

（　$x=4$，$y=13$　）

(3) $\begin{cases} 0.6x+0.2y=-2 \\ \dfrac{1}{3}x+\dfrac{1}{2}y=2 \end{cases}$

$\begin{cases} 6x+2y=-20 & \cdots\cdots① \\ 2x+3y=12 & \cdots\cdots② \end{cases}$

①−②×3　$-7y=-56$，$y=8$

$6x+16=-20$，$6x=-36$，$x=-6$

（　$x=-6$，$y=8$　）

(4)　$2x-y+4=x+y=-x-3y$

$\begin{cases} 2x-y+4=x+y \\ x+y=-x-3y \end{cases}$ を解けばよい

$\begin{cases} x-2y=-4 & \cdots\cdots① \\ 2x+4y=0 & \cdots\cdots② \end{cases}$

①×2+②　$4x=-8$，$x=-2$

$-4+4y=0$，$y=1$

（　$x=-2$，$y=1$　）

3　料金が890円の郵便を送るのに，84円切手と94円切手を合わせて10枚はった。２種類の切手をそれぞれ何枚はったのかを求めなさい。

84円切手を x 枚，94円切手を y 枚はったとすると，

$$\begin{cases} x+y=10 & \cdots\cdots① \\ 84x+94y=890 & \cdots\cdots② \end{cases}$$

①×84−②　$-10y=-50$，$y=5$

$x+5=10$，$x=5$

これらは問題に適している。

（　84円切手５枚，94円切手５枚　）

4　中学生14人と高校生８人で，ハイキングに行くことにした。会費総額は4500円で，高校生は中学生より１人あたり40円多く会費を出すものとすれば，中学生，高校生１人あたりの会費はそれぞれいくらになるか。

中学生の会費を x 円，高校生の会費を y 円とすると，

$$\begin{cases} 14x+8y=4500 \\ y=x+40 \end{cases}$$

$14x+8(x+40)=4500$，$14x+8x+320=4500$

$22x=4180$，$x=190$，$y=190+40=230$

これらは問題に適している。

（　中学生の会費190円，高校生の会費230円　）

でる **5**　21 kmの道のりを行くのに，はじめは時速５kmで歩き，途中から時速３kmで歩くと，合わせて５時間かかった。時速５kmで x 時間，時速３kmで y 時間歩くとして，x，y の値を求めなさい。

$$\begin{cases} x+y=5 & \cdots\cdots① \\ 5x+3y=21 & \cdots\cdots② \end{cases}$$

①×5−②　$2y=4$，$y=2$

$x+2=5$，$x=3$

これらは問題に適している。

（　$x=3$，$y=2$　）

6　ノートとボールペンを買いに行ったら，ノートは定価の５％引き，ボールペンは定価の20％引きで売っていたので，ノート１冊とボールペン１本の代金の合計は定価で買うよりも40円安い310円であった。ノートとボールペンの定価をそれぞれ求めなさい。

ノートの定価を x 円，ボールペンの定価を y 円とすると，

$$\begin{cases} x+y=310+40 \\ \frac{5}{100}x+\frac{20}{100}y=40 \end{cases}$$

整理すると

$$\begin{cases} x+y=350 & \cdots\cdots① \\ 5x+20y=4000 & \cdots\cdots② \end{cases}$$

①×5−②　$-15y=-2250$，$y=150$，$x+150=350$，$x=200$

これらは問題に適している。

（　ノート200円，ボールペン150円　）

7 周囲が600 mの公園がある。この公園の周囲を，兄と弟が徒歩でまわる。同じところを同時に出発して，反対の方向にまわると5分後に出会い，同じ方向にまわると，兄は弟に60分後に追いつく。兄，弟それぞれの速さは分速何mか求めなさい。

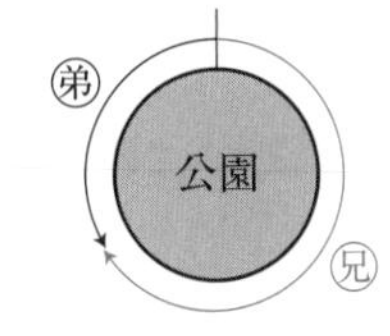

兄の速さを分速 x m，弟の速さを分速 y mとする。
出会ったとき……2人の道のりの和が1周分になるので，

$5x+5y=600$ ……①

追いついたとき……兄は弟より1周多く歩いているので，

$60x-60y=600$ ……②

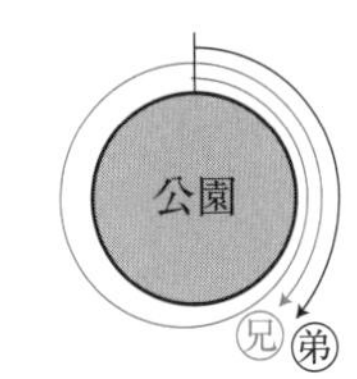

①の両辺を5でわり，②の両辺を60でわって，

$\begin{cases} x+y=120 & \cdots\cdots ③ \\ x-y=10 & \cdots\cdots ④ \end{cases}$　③＋④　$2x=130$，$x=65$　$y=120-65=55$

これらは問題に適している。

（　兄　分速65m，弟　分速55m　）

この考え方も身につけよう

方程式の割合の問題では，割合のもとにする量をx，yで表す。

> 求めるのは今年の人数だけど，10%，30%は去年の人数をもとにしているので，去年の人数をx人，y人として解くよ。

問　パソコンクラブの去年の部員数は50人だったが，今年は男子が10%減り，女子が30%増え，全体で3人増えた。今年の男女それぞれの部員数を求めなさい。

〈解答〉　去年の男女それぞれの部員数を x 人，y 人

とすると，$\begin{cases} x+y=50 & \cdots\cdots ① \\ -\dfrac{10}{100}x+\dfrac{30}{100}y=3 & \cdots\cdots ② \end{cases}$

②の両辺を100倍して，$\begin{cases} x+y=50 & \cdots\cdots ① \\ -10x+30y=300 & \cdots\cdots ③ \end{cases}$

①×10＋③　$40y=800$，$y=20$，$x+20=50$，$x=30$

したがって，今年の男子は，$30\times\dfrac{90}{100}=27$（人），女子は，$20\times\dfrac{130}{100}=26$（人）

これらは問題に適している。

答　男子　27人　，女子　26人

3章 関数を利用して問題を解決しよう ── 1次関数

1節 1次関数

❶ 1次関数 教 p.60〜p.61

1次関数

2つの変数x，yについて，**yがxの1次式で表されるとき，yはxの1次関数であるという。**

xの値を決めるとyの値がただ1つ決まるとき，yはxの関数であるというんだったね。

1次関数は一般(いっぱん)に次のように表される。

$$y=ax+b$$

注 比例を表す式$y=ax$は，1次関数の式$y=ax+b$で$b=0$になっている特別な場合である。このように，**比例は1次関数である。**

反比例を表す式は，$y=\dfrac{a}{x}$であるから，1次関数ではない。

重要例題

例題1 20km走るのに2Lのガソリンを使う自動車がある。この自動車が35Lのガソリンを入れて出発した。$x$km走ったときの残りのガソリンの量をyLとして，次の問に答えなさい。

(1) 1km走るのに必要なガソリンの量は何Lか。

$2\div20=0.1$(L)

答 0.1L

(2) yをxの式で表しなさい。 答 $y=-0.1x+35$

(3) 50km走ったとき，残りのガソリンの量は何Lか。

$y=-0.1\times50+35=30$(L)

答 30L

(4) yはxの1次関数であるといえるか。 答 いえる

2節 1次関数の性質と調べ方

要点

❶ 1次関数の値の変化　教 p.63〜p.64

変化の割合

x の増加量に対する y の増加量の割合。

$$(\text{変化の割合})=\frac{(y\text{ の増加量})}{(x\text{ の増加量})}$$

1次関数の変化の割合

1次関数 $y=ax+b$ では，

(変化の割合)＝a となる。

また，次の式が成り立つ。

(y の増加量)＝a×(x の増加量)

$y=$ a $x+b$
↓
変化の割合

$y=x+4$ の変化の割合は 1，$y=-x+5$ の変化の割合は -1 だよ。

★1次関数 $y=ax+b$ で，変化の割合 a は一定で，x の値が1だけ増加したときの y の増加量である。

重要例題

例題1 1次関数 $y=3x+1$ で，x の値が2から5まで増加したときの変化の割合が3となることを確かめなさい。また，x の増加量が5のときの y の増加量を求めなさい。

x	…	2	…	5	…
y	…	[7]	…	[16]	…

（x：2→5 の増加量 3，y：7→16 の増加量 [9]）

〈解答〉 x の増加量は，

[5]－[2]＝3

それに対応する y の増加量は，

([3×5+1])－([3×2+1])＝[9]

となり，変化の割合は，$\dfrac{(y\text{ の増加量})}{(x\text{ の増加量})}=\dfrac{[9]}{[3]}=$[3]

x の増加量が5のときの y の増加量は，[3]×5＝[15]

例題2 1次関数 $y=-7x-4$ の変化の割合は [−7] で，x の増加量が6のときの y の増加量は，[−42] である。

↑ −7×6

❷ 1次関数のグラフ 教 p.65〜p.70

1次関数のグラフ

1次関数 $y=ax+b$ のグラフは，**傾き**（かたむ）**が a，切片**（せっぺん）**が b の直線**である。傾き a は，x の値が1だけ増加したときの y の増加量である。

$y=ax+b$ のグラフが y 軸と交わる点の座標は $(0,\ b)$ になるよ。

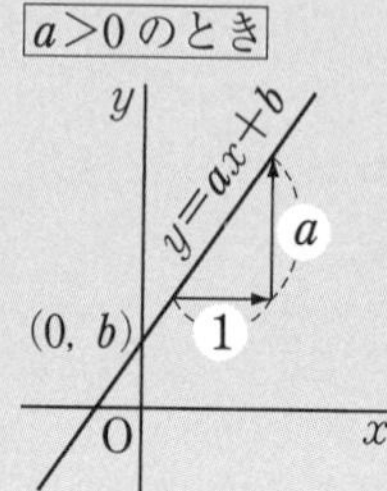

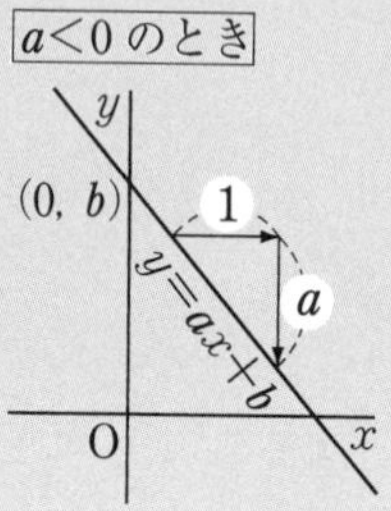

★1次関数 $y=ax+b$ のグラフは，$y=ax$ のグラフを y 軸（じく）の正の方向に b だけ平行移動させた直線である。

例題1 1次関数 $y=6x-5$ のグラフは，傾き［6］，切片［-5］の［直線］で，点A(2，［7］)，B(-2，［-17］)，C(［5］，25)を通る。
↑ $y=6x-5$ の x に2を代入して，y 座標を求める

例題2 $y=4x+1$ のグラフでは，右へ1だけ進むとき，上へ［4］だけ進む。
また，右へ5だけ進むとき，上へ［20］だけ進む。
$y=-3x+2$ のグラフでは，右へ1だけ進むとき，［下］へ3だけ進む。
また，右へ4だけ進むとき，下へ［12］だけ進む。

例題3 次の1次関数について，グラフの傾きと切片，y 軸と交わる点の座標をいいなさい。

(1) $y=-x+8$ (2) $y=7x$

〈解答〉 (1) 傾き -1，切片 8，y 軸と交わる点 $(0,\ 8)$

(2) 傾き 7，切片 0，y 軸と交わる点 $(0,\ 0)$

要点：1次関数の増減とグラフ

1次関数 $y=ax+b$ では次のことがいえる。

通る2点がわかれば，直線はひけるね。1次関数のグラフをかくときは，通る2点をみつけて，その2点を結ぼう。

$a>0$ のとき

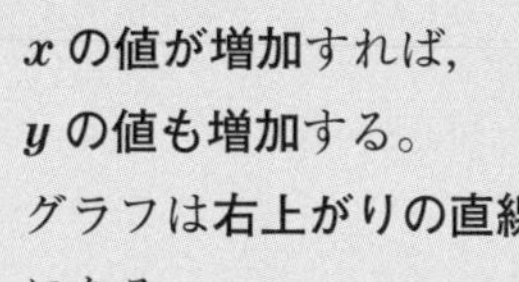

x の値が増加すれば，
y の値も増加する。
グラフは**右上がりの直線**になる。

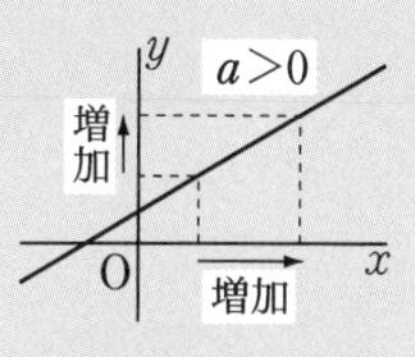

$a<0$ のとき

x の値が増加すれば，
y の値は減少する。
グラフは**右下がりの直線**になる。

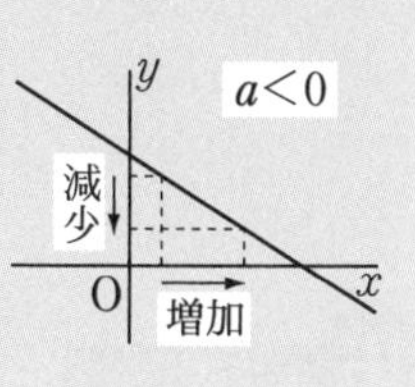

重要例題

例題1 1次関数 $y=-\frac{1}{3}x+1$ のグラフをかきなさい。

〈解答〉 切片は [1] であるから，グラフは y 軸上の点([0, 1])を通る。

また，傾きは [$-\frac{1}{3}$] であるから，

点(0, [1])から，右へ3，[下] へ [1] だけ進んだ点([3, 0])もこのグラフ上の点であるので，この2点を結んだ直線をひけばよい。

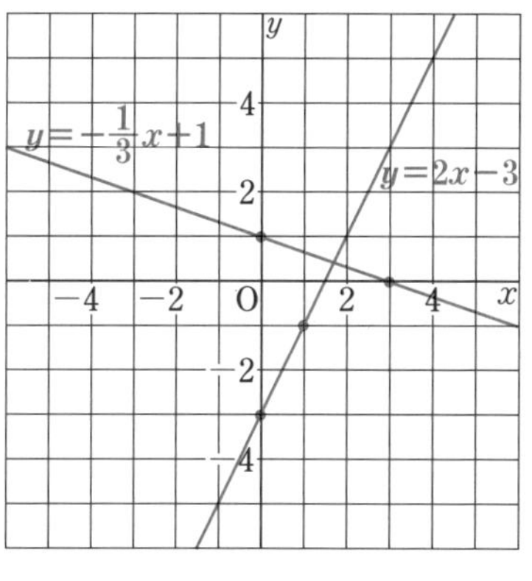

例題2 1次関数 $y=2x-3$ のグラフをかきなさい。

(0, −3)と(1, −1)を通る直線になる。

❸ 1次関数の式を求める方法 教 p.71〜p.73

グラフから直線の式を求める

グラフから切片と傾きがわかれば，直線の式（1次関数の式）を求めることができる。

例　右の直線の切片は -1，また，右へ3だけ進むと上へ2だけ進むから，傾きは $\frac{2}{3}$。したがって，この直線の式は，$y=\frac{2}{3}x-1$

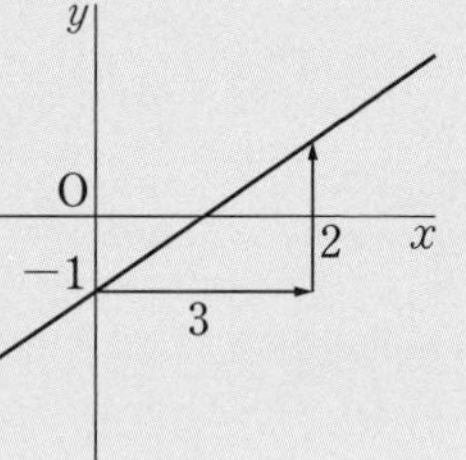

重要例題

例題1　右の直線①の切片は $\boxed{-3}$，また，右へ4だけ進むと上へ $\boxed{3}$ だけ進むから，傾きは $\boxed{\frac{3}{4}}$。したがって，直線の式は，$y=\boxed{\frac{3}{4}x-3}$

直線②の切片は $\boxed{2}$，また，右へ2だけ進むと下へ1だけ進むから，傾きは $\boxed{-\frac{1}{2}}$。したがって，直線の式は，

$y=\boxed{-\frac{1}{2}x+2}$

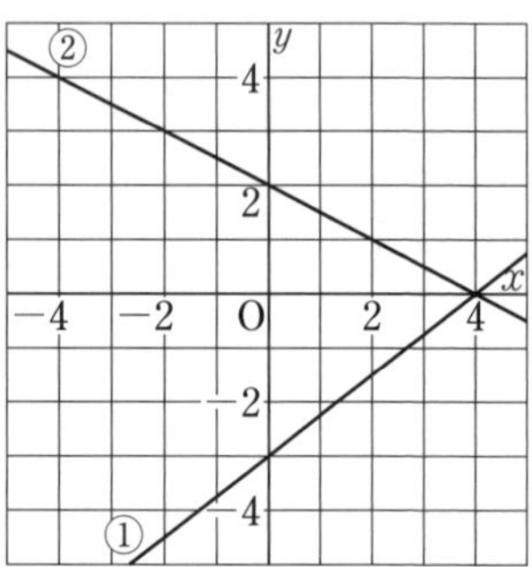

例題2　右の直線③，④の式を求めなさい。

直線③　$y=2x-1$

直線④　$y=-\frac{4}{3}x+2$

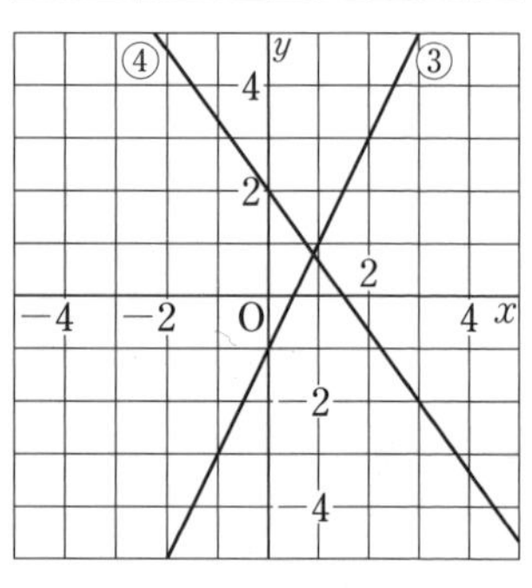

傾きと1点の座標から直線の式を求める

直線の傾きと，通る1点の座標がわかっているときの1次関数(直線)の式の求め方

1. $y=ax+b$ の a に傾きの値を代入する。
2. 1の式の x，y に，点の座標を代入して，切片 b の値を求める。

切片と1点の座標がわかっているときも，同じように求めよう。

絶対暗記
・1次関数では，(傾き)＝(変化の割合)
・平行な直線は，傾き(変化の割合)が等しい。

重要例題

例題1 次の条件をみたす1次関数の式を求めなさい。

(1) グラフの傾きが -5 で，点$(2,\ -7)$を通る。

(2) 変化の割合が1で，$x=-5$ のとき，$y=4$

(3) グラフが点$(5,\ 4)$を通り，切片が -6

(4) グラフが点$(-3,\ 10)$を通り，直線 $y=-2x+8$ に平行

〈解答〉 (1) 傾きが -5 なので，$y=\boxed{-5x}+b$ という式になり，点$(2,\ -7)$を通るので，$\boxed{-7}=\boxed{-10}+b$，$b=\boxed{3}$ 答 $y=-5x+3$

(2) 変化の割合が1なので，$y=\boxed{x}+b$ という式になり，$x=-5$ のとき，$y=4$ なので，$\boxed{4}=\boxed{-5}+b$，$b=\boxed{9}$ 答 $y=x+9$

(3) 切片が -6 なので，$y=\boxed{ax-6}$ という式になり，点$(5,\ 4)$を通るので，$\boxed{4}=\boxed{5}a-\boxed{6}$，$\boxed{5a}=\boxed{10}$，$a=\boxed{2}$

答 $y=2x-6$

(4) $y=-2x+8$ に平行なので，$y=\boxed{-2x+b}$ という式になり，点$(-3,\ 10)$を通るので，$\boxed{10}=\boxed{6}+b$，$b=\boxed{4}$

$y=-2x+8$ に平行 → 傾きが -2

答 $y=-2x+4$

2点の座標から直線の式を求める

直線が通る2点の座標がわかっているときの1次関数(直線)の式の求め方

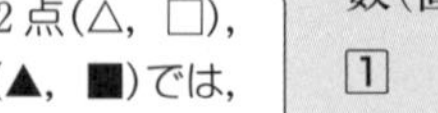

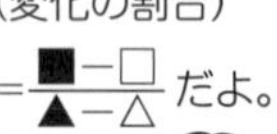

1 2点の座標からグラフの傾きを求める。

2 $y=ax+b$ の a に, 1で求めた値を代入する。

3 2の式の x, y に, 2点のうち, どちらか1点の座標を代入して, 切片 b の値を求める。

★次のように, 1次関数(直線)の式を求めてもよい。

1 $y=ax+b$ の x, y に2点の座標をそれぞれ代入し, a, b の連立方程式をつくる。

2 1でつくった連立方程式を解いて, a, b の値を求める。

重要例題

例題1 y が x の1次関数で, そのグラフが2点(1, 2), (3, −4)を通るとき, この1次関数の式を求めなさい。

〈解答1〉 変化の割合(グラフの傾き)は $\dfrac{-4-\boxed{2}}{\boxed{3-1}}=\boxed{-3}$

したがって, $y=\boxed{-3}x+b$

グラフが点(1, 2)を通るので, $\boxed{2}=\boxed{-3}+b$, $b=\boxed{5}$

傾き −3, 切片5のグラフになる。

答 $y=-3x+5$

〈解答2〉 求める1次関数の式を $y=ax+b$ とする。

(1, 2), (3, −4)を通るので,

$$\begin{cases} 2=\boxed{a+b} & \cdots\cdots① \\ -4=\boxed{3a+b} & \cdots\cdots② \end{cases}$$

①−②より, $6=\boxed{-2a}$, $a=\boxed{-3}$

この値を①に代入して, $b=\boxed{5}$

答 $y=-3x+5$

用語・公式 check!

□ y が x の1次関数であるとき，その式は一般にどのように表されるか。	$y=ax+b$
□(変化の割合)$=\dfrac{(\boxed{①}\text{の増加量})}{(\boxed{②}\text{の増加量})}$	① y　② x
□ $y=2x-4$ で，x の値が2から5まで増加したときの x の増加量を求めなさい。	3
□ $y=2x-4$ で，x の値が2から5まで増加したときの y の増加量を求めなさい。	6
□ $y=2x-4$ で，x の値が2から5まで増加したときの変化の割合を求めなさい。	2
□ 1次関数 $y=ax+b$ では，(変化の割合)$=\boxed{}$	a
□ $y=-2x+1$ で，x の増加量が3のときの y の増加量を求めなさい。	-6
□反比例 $y=\dfrac{6}{x}$ で，x の値が2から6まで増加したときの x の増加量は $\boxed{①}$，y の増加量は $\boxed{②}$，変化の割合は $\boxed{③}$ である。	① 4 ② -2 ③ $-\dfrac{1}{2}$
□ 1次関数 $y=ax+b$ のグラフの傾きは何か。	a
□ 1次関数 $y=ax+b$ のグラフの切片は何か。	b
□ 1次関数 $y=ax+b$ の傾き a は，x の値がいくつ増加したときの y の増加量か。	1
□ 1次関数 $y=ax+b$ のグラフと y 軸の交点の座標を答えなさい。	$(0,\ b)$
□直線 $y=-4x+3$ に平行なグラフの傾きを答えなさい。	-4
□ $a<0$ である1次関数 $y=ax+b$ のグラフはどんな直線か。	右下がり

節末練習問題 教 p.74

〔1次関数〕

6分間で何Lの水が増えているかを考える。

1 水が3L入っている水そうに，一定の割合で水を入れる。水を入れ始めてから6分後には，水そうの中の水の量は15Lになった。

(1) 1分間に，水の量は何Lずつ増えたか。

6分間で，15−3=12(L) 増えているので，1分間では，12÷6=2(L) （ 2L ）

(2) 水を入れ始めてから x 分後の水そうの中の水の量を yL として，y を x の式で表しなさい。 （ $y=2x+3$ ）

〔1次関数の変化の割合〕

2 1次関数 $y=-\frac{3}{4}x+2$ の変化の割合をいいなさい。また，x の増加量が12のときの y の増加量をいいなさい。

(y の増加量) $=-\frac{3}{4}\times12=-9$ （変化の割合 $-\frac{3}{4}$ ，y の増加量 -9 ）

〔グラフの傾きと切片〕

3 1次関数 $y=-8x-5$ のグラフの傾きと切片をいいなさい。

（傾き -8 ，切片 -5 ）

〔1次関数のグラフ〕

4 次の点A，B，Cは，1次関数 $y=5x+3$ のグラフ上の点です。□にあてはまる数を求めなさい。

A(−0.2, □)　B(−1, □)　C(4, □)

（A 2 ，B −2 ，C 23 ）

5 次の1次関数のグラフをかきなさい。

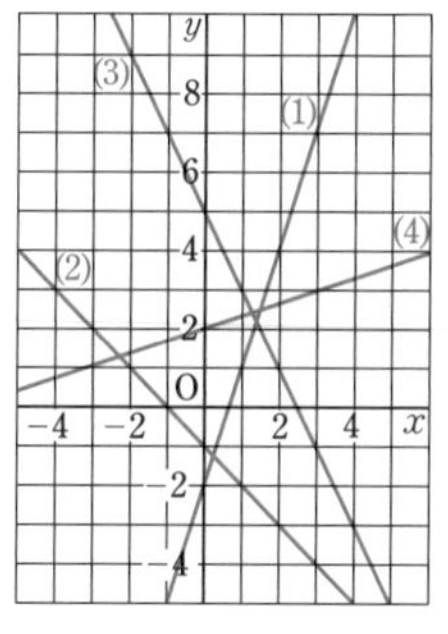

(1) $y=3x-2$

(2) $y=-x-1$

(3) $y=-2x+5$

(4) $y=\frac{1}{3}x+2$

〔1次関数の式を求める方法〕

6 右の図の直線(1), (2)の式を求めなさい。

(1) 切片1で，右へ3進むと上へ2進んでいる。

(2) 切片 −2 で，右へ1進むと下へ2進んでいる。

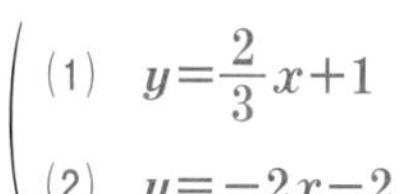

(1) $y=\frac{2}{3}x+1$

(2) $y=-2x-2$

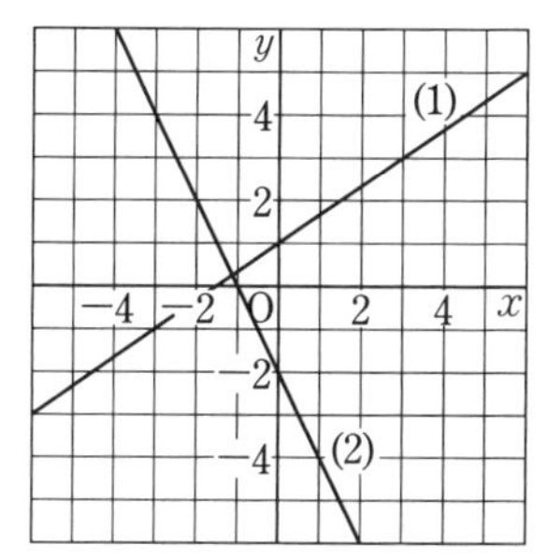

でる **7** 次の条件をみたす1次関数の式を求めなさい。

(1) 変化の割合が −1 で，$x=4$ のとき $y=6$

$y=-x+b$ に $x=4$, $y=6$ を代入する。$6=-4+b$, $b=10$ ($y=-x+10$)

(2) グラフが2点(1, 5), (−2, −4)を通る。

$\frac{-4-5}{-2-1}=3$ より，$y=3x+b$ に $x=1$, $y=5$ を代入する。$5=3+b$, $b=2$

($y=3x+2$)

(3) グラフが点(2, 3)を通り，直線 $y=5x+1$ に平行。

$y=5x+b$ に $x=2$, $y=3$ を代入する。$3=10+b$, $b=-7$ ($y=5x-7$)

(4) グラフが点(1, −1)を通り，切片が −3 である。

$y=ax-3$ に $x=1$, $y=-1$ を代入する。$-1=a-3$, $a=2$ ($y=2x-3$)

3節　2元1次方程式と1次関数

❶ 2元1次方程式のグラフ　教 p.76～p.79

2元1次方程式のグラフ

a, b, c を定数とするとき，2元1次方程式 $ax+by=c$ のグラフは直線になる。

グラフのかき方
1, 2は, 問題に
よってかきやす
いほうを選ぼう。

グラフのかき方

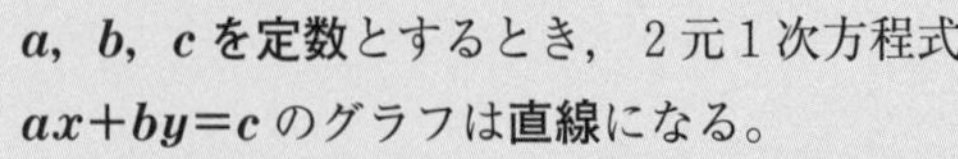

1　式を変形して，その**傾きと切片**を求める。

2　その直線が通る**2点の座標**を求める。

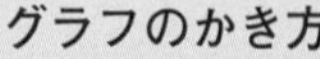

★その直線が通る2点を求めてかくとき，$x=0$ や $y=0$ にすると計算がしやすい。

重要 例題

例題1　方程式 $x+y=2$ のグラフをかきなさい。

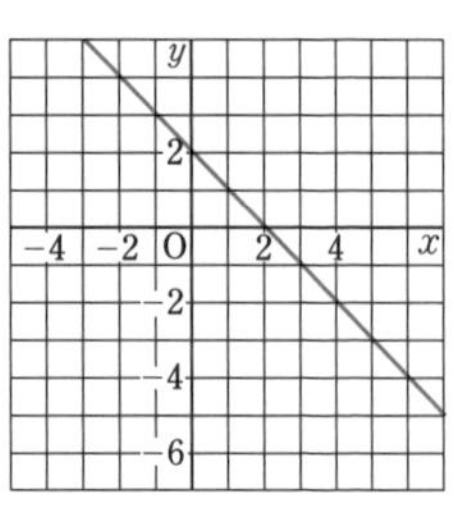

〈解答〉　この方程式を y について解くと，

$y=$ $\boxed{-x+2}$

したがって，グラフは傾きが $\boxed{-1}$，切片が $\boxed{2}$ の直線になる。

例題2　方程式 $2x-3y-12=0$ のグラフをかきなさい。

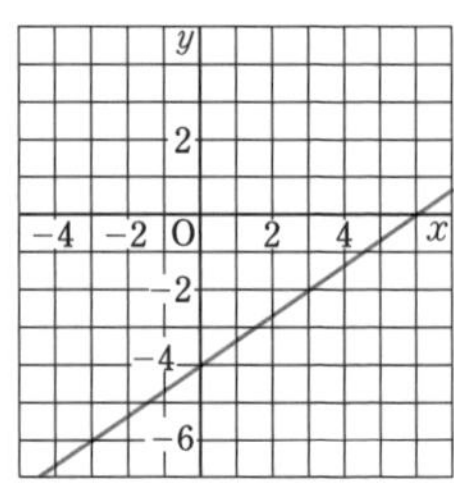

〈解答〉　この方程式を y について解くと，

$-3y=-2x+12$

$y=\boxed{\dfrac{2}{3}}x\boxed{-4}$

したがって，グラフは傾きが $\boxed{\dfrac{2}{3}}$，切片が $\boxed{-4}$ の直線になる。

例題3 方程式 $3x-2y+6=0$ のグラフをかきなさい。

〈解答〉 $3x-2y+6=0$ のグラフは直線であるから，グラフをかくには，この直線が通る2点を見つければよい。

$x=0$ とすると，

$-2y+6=0$

$-2y=$ $\boxed{-6}$

$y=$ $\boxed{3}$

$y=0$ とすると，

$\boxed{3x+6}=0$

$\boxed{3x}=-6$

$x=$ $\boxed{-2}$

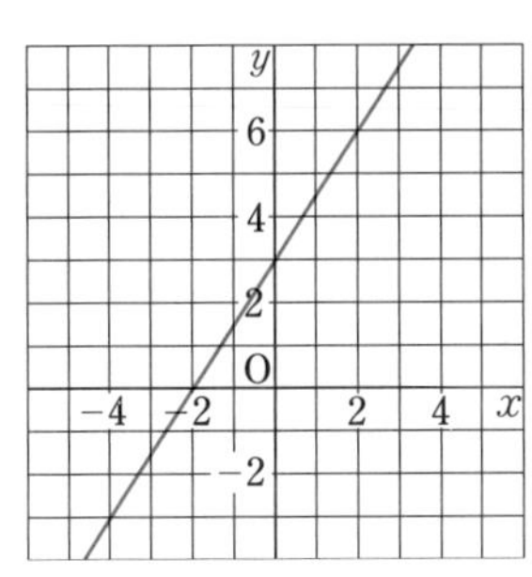

したがって，グラフは2点($\boxed{0,\ 3}$)，($\boxed{-2,\ 0}$)を通る直線である。

例題4 方程式 $\dfrac{x}{2}-\dfrac{y}{4}=1$ のグラフをかきなさい。

〈解答〉 (1の解き方) $\dfrac{x}{2}-\dfrac{y}{4}=1$ を y について解くと，

$2x-y=$ $\boxed{4}$

$-y=$ $\boxed{-2x+4}$

$y=$ $\boxed{2x-4}$

したがって，グラフは傾きが $\boxed{2}$，切片が $\boxed{-4}$ の直線である。

(2の解き方) $x=0$ とすると，

$-\dfrac{y}{4}=1$，$y=$ $\boxed{-4}$

$y=0$ とすると，

$\boxed{\dfrac{x}{2}}=1$，$x=$ $\boxed{2}$

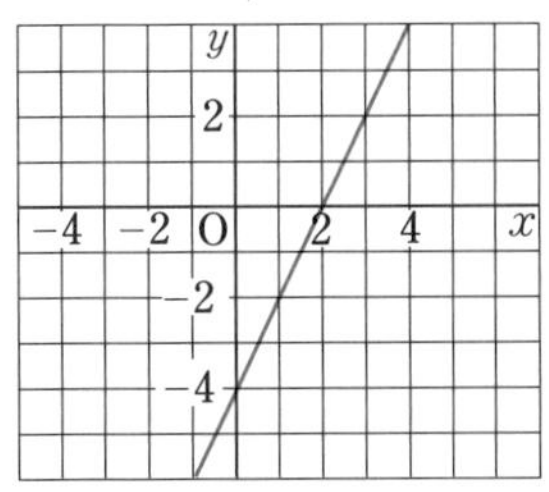

したがって，グラフは2点($\boxed{0,\ -4}$)，($\boxed{2,\ 0}$)を通る直線である。

$ax+by=c$ のグラフは,
$a=0$ の場合,
$y=k$ の形になって
x 軸に平行な直線,
$b=0$ の場合,
$x=h$ の形になって
y 軸に平行な直線に
なるよ。

方程式 $y=k$ のグラフ

点$(0,\ k)$を通り,

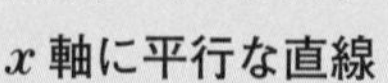

x 軸に平行な直線

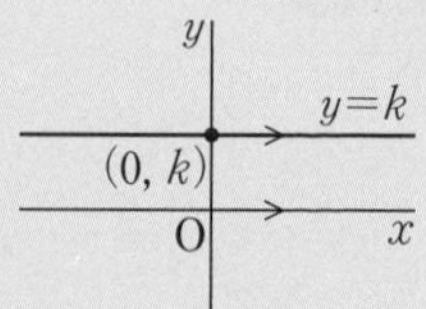

方程式 $x=h$ のグラフ

点$(h,\ 0)$を通り,

y 軸に平行な直線

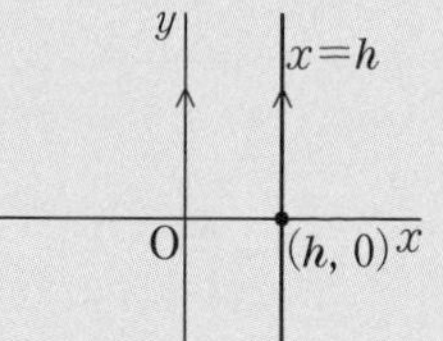

例題

例題1 ① $2y-4=0$, ② $5x-15=0$ のグラフをかきなさい。

〈解答〉 ① $2y=$ [4], $y=$ [2] より, グラフは点([0, 2])を通り, [x] 軸に平行な直線になる。

② $5x=$ [15], $x=$ [3] より, グラフは点([3, 0])を通り, [y] 軸に平行な直線になる。

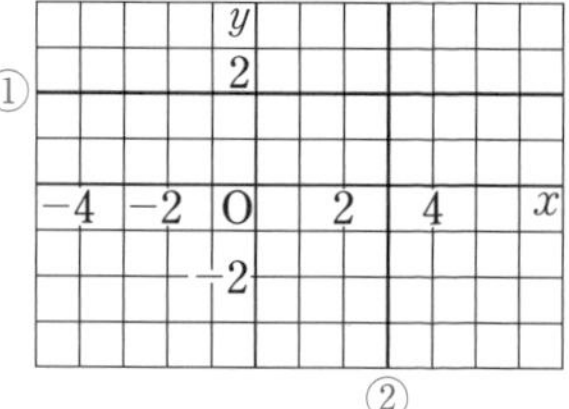

例題2 次の方程式のグラフをかきなさい。

① $x=4$

② $x+2=0$

③ $3y=-6$

④ $-x-3=0$

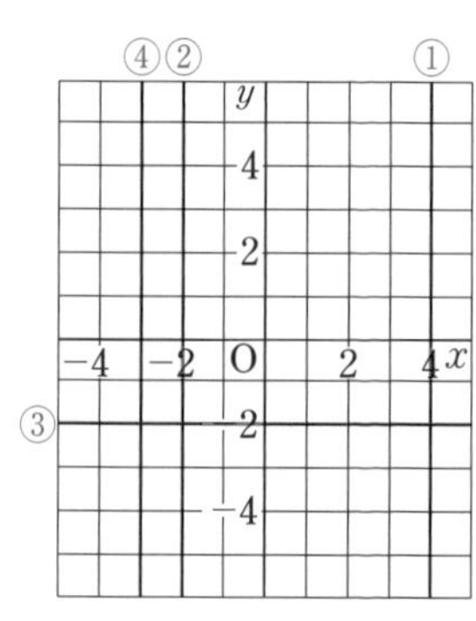

❷ 連立方程式とグラフ　教 p.80〜p.81

連立方程式の解とグラフの交点

2直線の交点の座標は，2つの直線の式を組にした連立方程式を解くことによって求められるね。

x，y についての**連立方程式の解**は，それぞれの方程式の**グラフの交点の x 座標，y 座標の組**である。

例　右のグラフで，2つの直線 $3x-y=2$，$x+y=6$ の交点は(2，4)である。このとき，

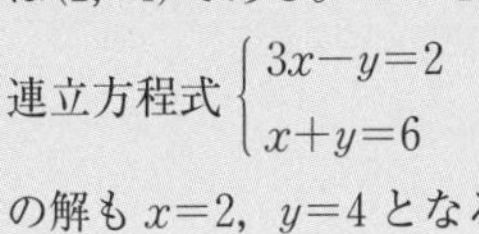

連立方程式 $\begin{cases} 3x-y=2 \\ x+y=6 \end{cases}$

の解も $x=2$，$y=4$ となる。

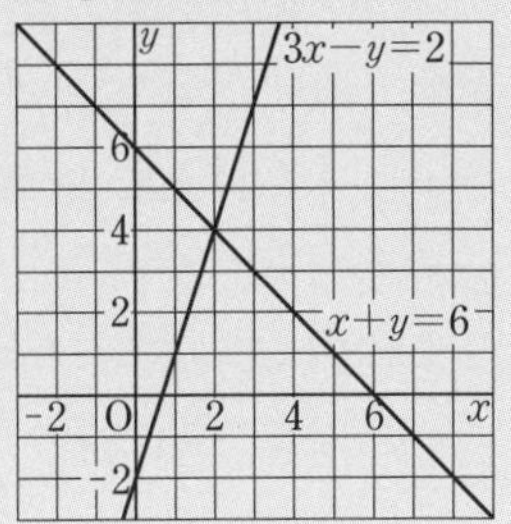

例題

例題1 次の連立方程式について，下の問に答えなさい。

$$\begin{cases} 2x-y=2 \cdots\cdots ① \\ x+y=4 \;\cdots\cdots ② \end{cases}$$

(1) ①，②の方程式のグラフをかきなさい。

(2) この連立方程式の解をグラフから求めなさい。

〈解答〉 (1) ①の方程式を y について解くと，

$y=2x$ [-2]

②の方程式を y について解くと，

$y=$ [$-x+4$]

(2) ①と②の連立方程式の解は，グラフの [交点] の x 座標，y 座標である。①と②のグラフの交点の座標は，

([2，2])であるので，この連立方程式の解は，$x=$ [2]，$y=$ [2] である。

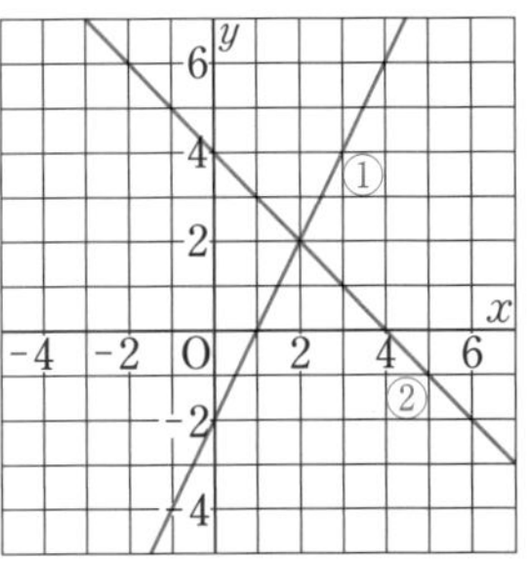

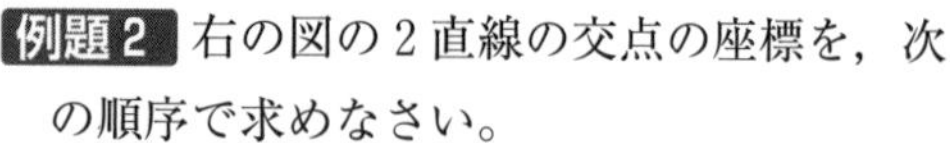

例題2 右の図の2直線の交点の座標を，次の順序で求めなさい。

(1)　①，②の直線の式を求める。

(2)　(1)で求めた式を連立方程式として解き，交点の座標を求める。

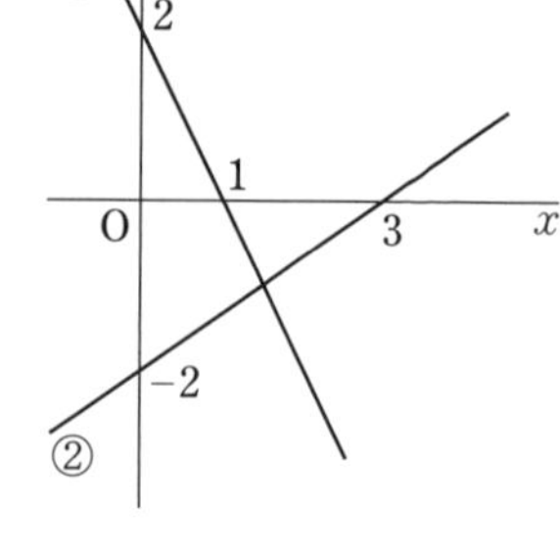

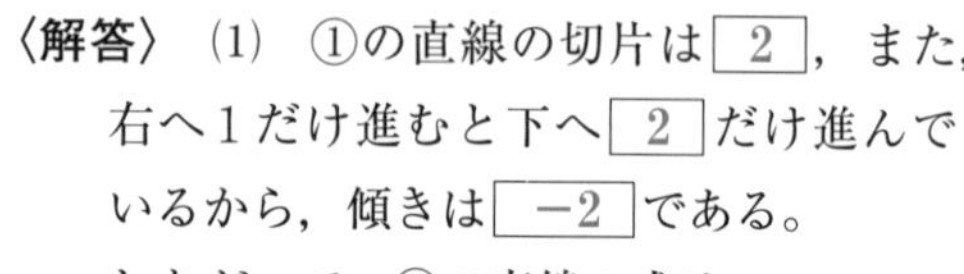

〈解答〉　(1)　①の直線の切片は$\boxed{2}$，また，右へ1だけ進むと下へ$\boxed{2}$だけ進んでいるから，傾きは$\boxed{-2}$である。

したがって，①の直線の式は，

$y=\boxed{-2x+2}$　……①

②の直線の切片は$\boxed{-2}$，また，右へ$\boxed{3}$だけ進むと上へ$\boxed{2}$だけ進んでいるから，傾きは$\boxed{\frac{2}{3}}$である。したがって，②の直線の式は，

$y=\boxed{\frac{2}{3}x-2}$　……②

(2)　①，②の式を連立方程式として，代入法で解くと，

$\boxed{-2}x+2=\boxed{\frac{2}{3}}x-2$

両辺に3をかけて，

$\boxed{-6}x+6=\boxed{2}x-6$

$\boxed{-6}x-\boxed{2}x=-6-6$

$\boxed{-8}x=-12,\ x=\boxed{\frac{3}{2}}$　……③

③を①に代入して，$y=-3+\boxed{2}=\boxed{-1}$　　答　$\left(\frac{3}{2},\ -1\right)$

例題3 $y=4x+12$ のグラフが，x 軸と点Aで交わっている。点Aの座標を求めなさい。

〈解答〉　グラフと x 軸との交点を求めることは，グラフと直線 $y=\boxed{0}$ の交点の座標を求めることと同じであるので，$\boxed{0}=4x+12$　より，

$-4x=\boxed{12}$，$x=\boxed{-3}$　　（$y=0$ を代入）　　答　$(-3,\ 0)$

4 節　1次関数の利用

❶ 1次関数とみなすこと　教 p.85

2つの数量の値の関係が，1次関数とみなすことができるとき，変化のようすをとらえることができる。

例題

例題1 理科の時間に，Aさんのグループは，水を熱し始めてからx分後の水温をy℃として，xとyの関係を調べたところ，次の表のようになった。

x	0	1	2	3	4	5	6
y	10	17	25	32	40	48	55

(1) yをxの式で表しなさい。

(2) 100℃になるのは，熱し始めてからおよそ何分後か。

〈解答〉 (1) 上の表のx，yの値の組を座標とする点をとり，なるべく点の近くを通る直線をひくと，右の図のようになり，yはxの1次関数とみなすことができる。

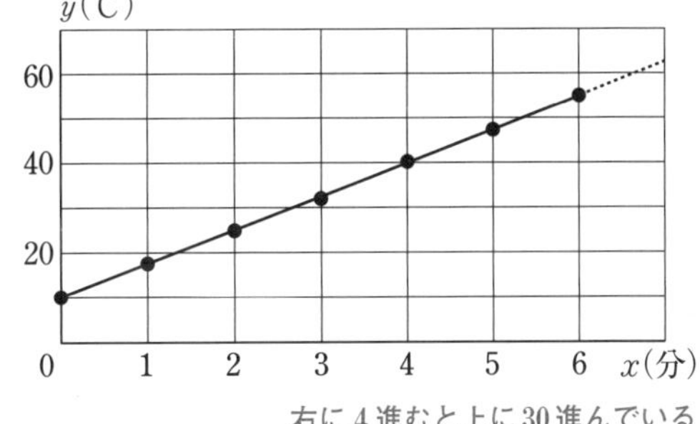

グラフより，直線の切片は 10 。

また，点(4, 40)を通っているので，傾きは$\frac{30}{4}=\frac{15}{2}$となる。←右に4進むと上に30進んでいる

答　$y=\frac{15}{2}x+10$

(2) (1)で求めた式に，$y=$ 100 を代入して，$100=\frac{15}{2}x+10$

$200=15x+20$，$180=15x$，$x=12$

答　およそ12分後

❷ 1次関数のグラフの利用，❸ 1次関数と図形 教 p.86～p.88

列車などの運行のようすを表したグラフ

グラフから，何分で何km進むかなどが読みとれるね。

●グラフの**交点**……「**出会う**」，「**追いこす**」を読みとる。

●x **軸に平行**な線分……**停車時間，休けい**などを読みとる。

例題

〔1次関数のグラフの利用〕

例題1 下の図は，8時から9時までのP駅とQ駅の間の列車の運行のようすを表している。Aさんは8時5分にP駅を出発して，時速9.6kmの自転車で線路沿いの道をQ駅まで出かけた。AさんがP駅からQ駅まで行ったときのようすを表すグラフを下の図にかき入れ，AさんがQ駅に着くまでに，Q駅から来る列車に何回出会ったか答えなさい。

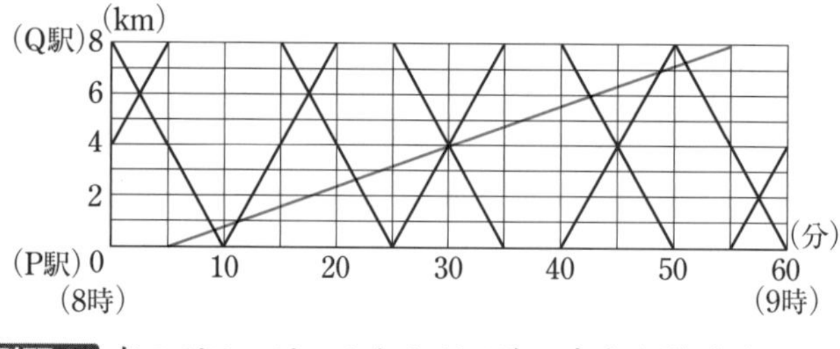

Q駅から来る列車のグラフとAさんのグラフの交点の数を求める。

答　5回

例題2 右のグラフは，Aさんが10時に家を出発し，自転車で12kmはなれた公園まで行ったときのようすを途中（とちゅう）まで表したものである。

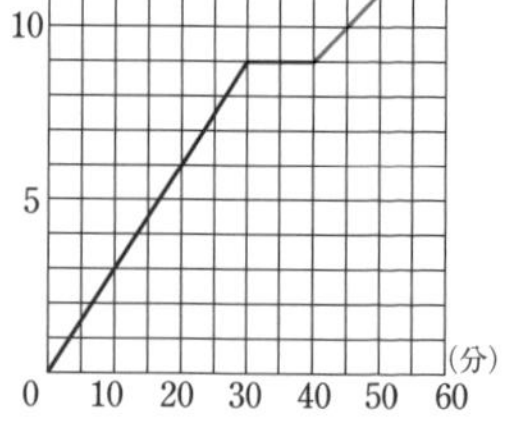

(1)　最初は，時速何kmで進んだか。

30分で9km進んでいるので，1時間では18km進む。

$9\div\frac{1}{2}=18$ $\left(9\div30=\frac{3}{10},\ \frac{3}{10}\times60=18\right)$ 答　時速18km

(2)　9kmの地点で10分間休んだ後，時速12kmで公園まで向かった。公園に着くのは何時何分か。　答　10時55分

〔1次関数と図形〕

例題1 右の図の長方形ABCDで，点PはAを出発して，辺上をB，Cを通ってDまで動く。点PがAから$x$cm動いたときの△APDの面積を$y$cm^{2}とする。

(1) 点Pが辺AB上を動くとき，yをxの式で表しなさい。

〈解答〉 底辺をADとすると，高さはAPだから，

$$y=\frac{1}{2}\times\boxed{6}\times\boxed{x}=\boxed{3x}\quad(\boxed{0}\leqq x\leqq\boxed{4})$$ ←xの変域

(2) 点Pが辺BC上を動くとき，yをxの式で表しなさい。

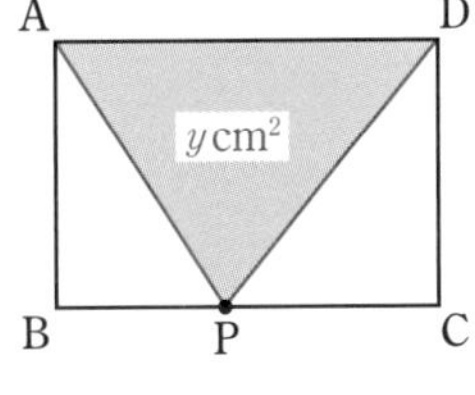

〈解答〉 △APDの面積は一定で，$\boxed{12}$cm^{2}に等しいので，

$\boxed{4}\leqq x\leqq\boxed{10}$ のとき，

$y=\boxed{12}$

(3) 点Pが辺CD上を動くとき，yをxの式で表しなさい。

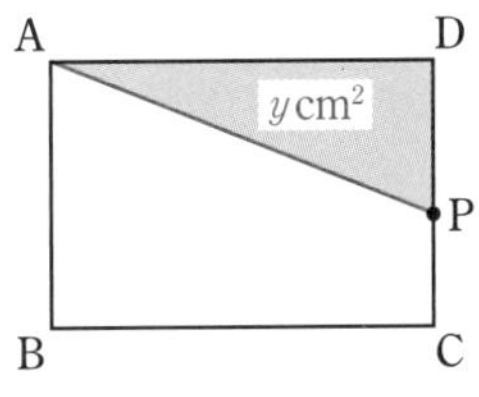

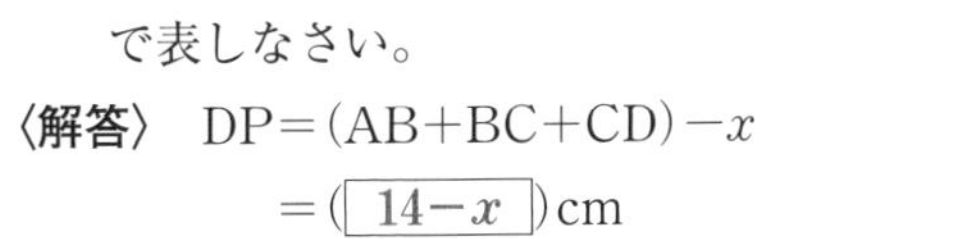

〈解答〉 DP＝(AB＋BC＋CD)－x

＝($\boxed{14-x}$)cm

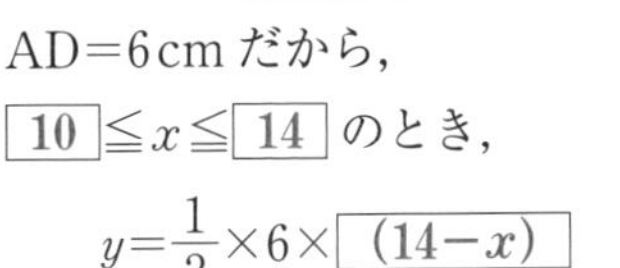

AD＝6cmだから，

$\boxed{10}\leqq x\leqq\boxed{14}$ のとき，

$$y=\frac{1}{2}\times6\times\boxed{(14-x)}$$

$$=\boxed{3(14-x)}$$

$$=\boxed{-3x}+42$$

(4) △APDの面積の変化のようすを表すグラフを，右の図にかきなさい。

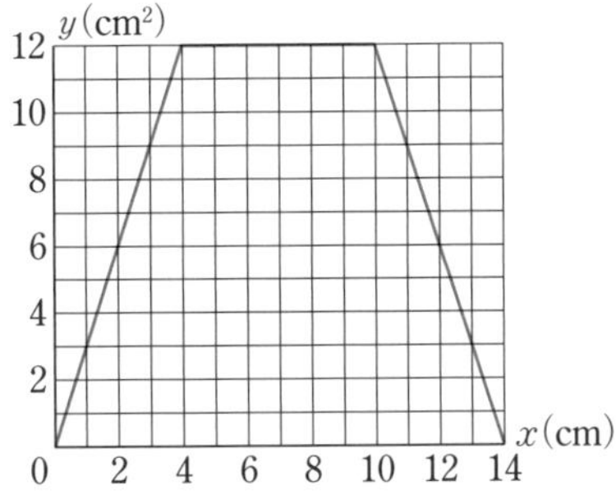

用語・公式 check!

□方程式 $ax+by=c$ のグラフは□になる。	直線
□方程式 $-2x+y=3$ のグラフの傾きを答えなさい。	2
□方程式 $5x+y+4=0$ のグラフの切片を答えなさい。	-4
□方程式 $5x-2y=-10$ のグラフは，2点(0, ①)，(②, 0)を通る直線である。	①5 ②-2
□$y=5$ のグラフは点(0, ①)を通る②軸に平行な直線である。	①5 ②x
□$2y-8=0$ のグラフは点(0, ①)を通る②軸に平行な直線である。	①4 ②x
□$x=-1$ のグラフは点(①, 0)を通る②軸に平行な直線である。	①-1 ②y
□$3x+6=0$ のグラフは点(①, 0)を通る②軸に平行な直線である。	①-2 ②y
□連立方程式 $\begin{cases} y=2x-5 \\ y=-x+1 \end{cases}$ の解は $x=2$，$y=-1$ である。2直線 $y=2x-5$，$y=-x+1$ の交点の座標を答えなさい。	(2, -1)
□$y=-5x+10$ のグラフと x 軸の交点の座標を求めることは，$y=-5x+10$ と直線①の交点の座標を求めることと同じである。このとき，交点の座標は②になる。	①$y=0$ ②(2, 0)
□時速 a km を分速になおすには，a を□でわればよい。	60
□時速30km は，分速□km である。	0.5
□底辺の長さ 6 cm，高さ x cm の三角形の面積を y cm^2 とするとき，y を x の式で表しなさい。	$y=3x$

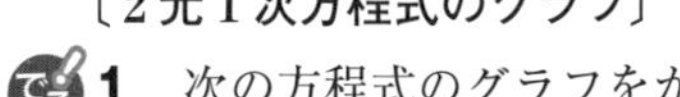

〔2元1次方程式のグラフ〕

1 次の方程式のグラフをかきなさい。

(1) $2x-y=4$

$y=2x-4$

(2) $x+y=3$

$y=-x+3$

(3) $-2x+3y=6$

(0, 2), (−3, 0)を通る

(4) $2x+3y+6=0$

(−3, 0), (0, −2)を通る

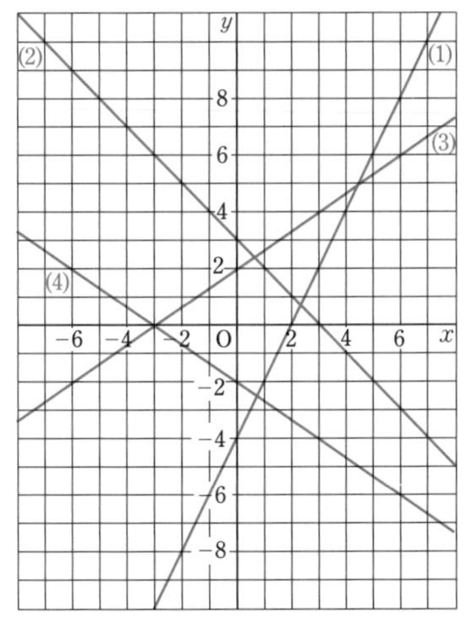

〔1次関数のグラフの利用〕

2 弟が午前9時に家を出発し，自転車で8kmはなれたA町まで行った。下のグラフは，弟が家を出発してからの時間と道のりの関係を表したものである。

(1) 弟は途中の公園で休んだ。何分間休んだか答えなさい。

グラフの平らな部分の時間を読みとる。 (10分間)

(2) 弟の速さは時速何kmか。 10分で2km進んでいる。$2\div\frac{1}{6}=12$

$\left(2\div10=\frac{1}{5},\ \frac{1}{5}\times60=12\right)$

(時速12km)

(3) 9時10分に，兄が自転車で家を出発し，時速24kmでA町に向かった。兄が弟を追いこす時刻を，グラフをかいて求めなさい。

10分で4km進む。

(午前9時20分)

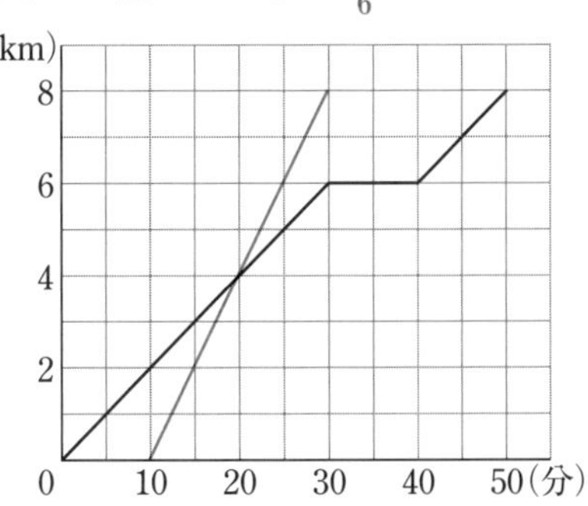

定期テスト対策

1　1次関数$y=-\frac{3}{7}x-\frac{5}{8}$のグラフの傾きと切片をいいなさい。

（傾き　$-\frac{3}{7}$，切片　$-\frac{5}{8}$）

2　1次関数$y=-2x+1$について，xの増加量が3であるとき，yの増加量を求めなさい。

（yの増加量）＝（変化の割合）×（xの増加量）$=-2\times3=-6$　（　-6　）

**3**　次の条件をみたす1次関数の式を求めなさい。

(1)　$x=2$のとき$y=-5$で，xが2増加すると，yは4減少する。

（変化の割合）$=\frac{-4}{2}=-2$より，$y=-2x+b$に$x=2$，$y=-5$を代入する。

$-5=-4+b$，$b=-1$　（　$y=-2x-1$　）

(2)　グラフが点(1，1)を通り，傾きが-3

$y=-3x+b$に$x=1$, $y=1$を代入する。$1=-3+b$, $b=4$　（　$y=-3x+4$　）

(3)　グラフが2点(1，4)，(3，10)を通る。

（変化の割合）$=\frac{10-4}{3-1}=3$より，$y=3x+b$に$x=1$，$y=4$を代入する。

$4=3+b$，$b=1$　（　$y=3x+1$　）

(4)　グラフが点(6，2)を通り，直線$y=\frac{1}{2}x+3$に平行。

平行な直線の傾きは等しいので，$y=\frac{1}{2}x+b$に$x=6$，

$y=2$を代入する。　$2=3+b$，$b=-1$　（　$y=\frac{1}{2}x-1$　）

**4**　次の①，②の直線の交点の座標を求めなさい。

① $y=2x-1$

② $y=3x-2$

連立方程式として解く。①－②より，$0=-x+1$

$x=1$，この値を①に代入して，$y=2-1=1$

（　(1，1)　）

5 右の図のような∠B＝90°の直角三角形ABCで，点PはAを出発して，辺上をBを通ってCまで動く。点PがAから$x$cm動いたときの△APCの面積を$y$cm²とし，点Pが辺AB上を動くとき，辺BC上を動くときのyをxの式で表しなさい。また，△APCの面積の変化のようすを表すグラフをかきなさい。

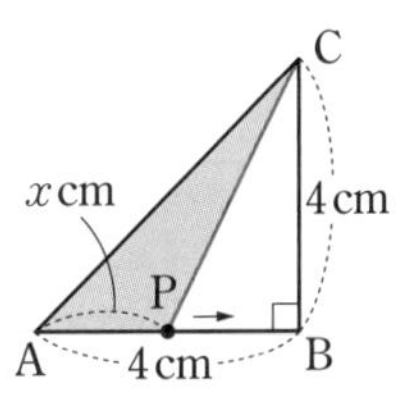

(辺AB上)　$y=\frac{1}{2}\times x\times 4=2x$　$(0\leqq x\leqq 4)$

(辺BC上)　PC＝(AB＋BC)－x＝8－x

$y=\frac{1}{2}\times(8-x)\times 4=-2x+16$　$(4\leqq x\leqq 8)$

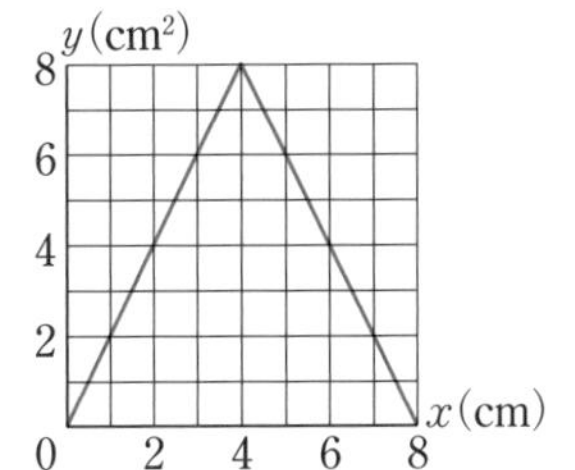

(辺AB上　$y=2x$
辺BC上　$y=-2x+16$)

6 右下の図の2直線の交点の座標を求めなさい。

①の切片は1，また，右へ2だけ進むと，上へ1だけ進んでいるから，傾きは$\frac{1}{2}$

①の式は，$y=\frac{1}{2}x+1$

②の切片は－1，また，右へ1だけ進むと，下へ1だけ進んでいるから，傾きは－1

②の式は，$y=-x-1$

$\frac{1}{2}x+1=-x-1$　　$y=\frac{4}{3}-1=\frac{1}{3}$

$x+2=-2x-2$

$3x=-4$，$x=-\frac{4}{3}$

($\left(-\frac{4}{3},\ \frac{1}{3}\right)$)

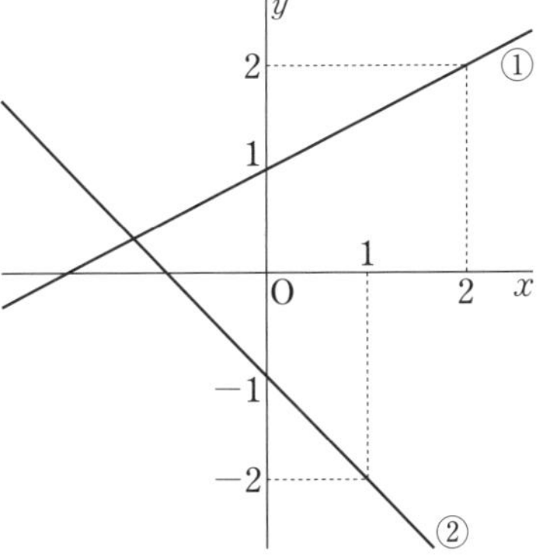

7 グラフが点(1，1)を通り，直線$y=2x-4$とx軸上の点で交わる1次関数の式を求めなさい。

$y=2x-4$とx軸(直線$y=0$)の交点は，$0=2x-4$，$x=2$より，(2，0)

求める直線の傾きは，$\frac{0-1}{2-1}=-1$，$y=-x+b$に$x=1$，$y=1$を代入して，

$1=-1+b$，$b=2$

($y=-x+2$)

8　グラフが2直線 $y=2x+1$，$y=x+2$ の交点を通り，直線 $y=-2x+4$ と平行な1次関数の式を求めなさい。

2直線の交点は，$2x+1=x+2$ より，$x=1$，$y=2+1=3$
$y=-2x+4$ と平行な直線は $y=-2x+b$ と表せるので，この式に
$x=1$，$y=3$ を代入して，$3=-2+b$，$b=5$

（　$y=-2x+5$　）

この考え方も身につけよう

1次関数のグラフと変域①

変数 x や y のとる値の範囲を変域といったね。

1次関数 $y=3x-2$ では，
$x\geqq 2$ のとき，x の値は右の図の
x 軸上の赤い線の部分にあり，
それに対応する y の値は，
y 軸上の赤い線の部分にある。
すなわち，関数 $y=3x-2$ について x の変域を $x\geqq 2$ とすれば，
y の変域は $y\geqq 4$ となる。

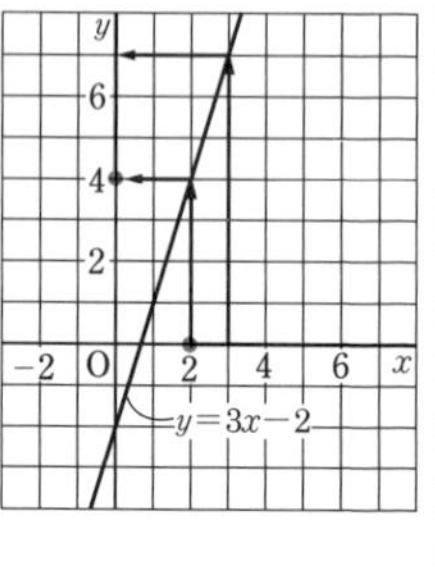

問　$y=x+2$ で，$-3\leqq x\leqq 1$ としたときの，y の変域を求めなさい。

〈解答〉　$x=-3$ に対応する y の値は［-1］，
$x=1$ に対応する y の値は［3］。したがって，
x の変域が $-3\leqq x\leqq 1$ のときの y の変域は，
［-1］$\leqq y\leqq$［3］

↑ 右の図の x 軸上の赤い線の部分
↑ y 軸上の赤い線の部分

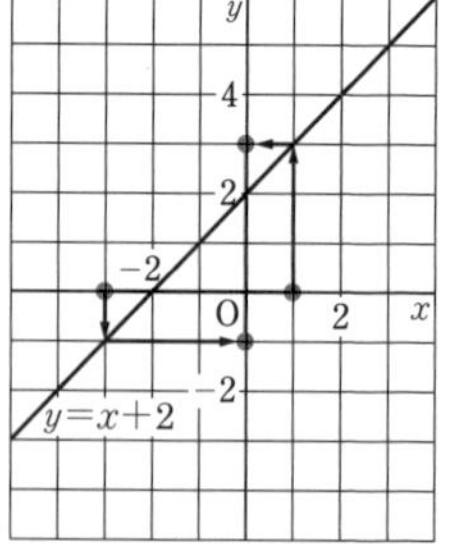

この考え方も身につけよう

1次関数のグラフと変域②

問　1次関数 $y=ax+b$ について，次の問に答えなさい。

(1)　$a=-2$，$b=1$ で，x の変域が $-1 \leqq x \leqq 1$ のときの y の変域を求めなさい。

〈解答〉　(傾き)<0 なので，x が増加すると y は［減少］する。$x=-1$ で $y=$［3］，$x=1$ で $y=$［-1］

したがって，y の変域は，［-1］$\leqq y \leqq$［3］

(2)　$a>0$ で，x の変域が $-1 \leqq x \leqq 2$ のとき，y の変域が $-2 \leqq y \leqq 7$ であった。a，b の値を求めなさい。

〈解答〉　(傾き)>0 なので，x が増加すると y は［増加］する。これより，$-1 \leqq x \leqq 2$ では，$x=-1$ のときの y の値がもっとも小さくなり，$x=2$ のときの y の値がもっとも大きくなるので，

$$\begin{cases} \boxed{-2}=-a+b \\ \boxed{7}=2a+b \end{cases}$$

これを解いて，$a=3$，$b=$［1］

(3)　$a<0$ で，x の変域が $-1 \leqq x \leqq 2$ のとき，y の変域が $-2 \leqq y \leqq 7$ であった。a，b の値を求めなさい。

〈解答〉　(傾き)<0 なので，x が増加すると y は［減少］する。これより，$-1 \leqq x \leqq 2$ では，$x=-1$ のときの y の値がもっとも大きくなり，$x=2$ のときの y の値がもっとも小さくなるので，

$$\begin{cases} \boxed{7}=-a+b \\ \boxed{-2}=2a+b \end{cases}$$

これを解いて，$a=-3$，$b=$［4］

4章 図形の性質の調べ方を考えよう ——平行と合同

1節 説明のしくみ　2節 平行線と角

1節 ❶ 多角形の角の和の説明 教 p.98〜p.100

内角と外角……右の図の∠BAE，∠ABCなどを多角形の**内角**，∠BAP，∠CBQなどを多角形の**外角**という。

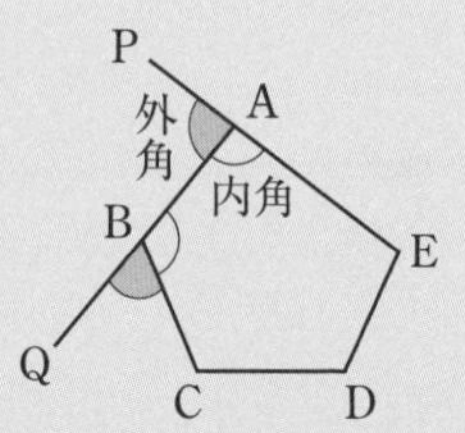

2節 ❶ 平行線と角 教 p.102〜p.106

2直線が交わるときにできる角

2直線に1つの直線が交わるときにできる角

錯角　同位角

対頂角はいつでも等しいよ。
同位角，錯角が等しいのは，
2直線が平行なときだけだよ。

対頂角の性質……**対頂角**は等しい。

平行線の性質

2直線に1つの直線が交わるとき

1 **2直線が平行ならば，同位角は等しい。**

2 **2直線が平行ならば，錯角は等しい。**

証明……あることがらが成り立つわけを，すでに正しいとわかっている性質を根拠にして示すこと。

絶対暗記 2直線に1つの直線が交わるとき，次のどちらかが成り立てば，その2直線は平行である。

1 同位角が等しい。

2 錯角が等しい。

重要例題

例題1 右の図で $\ell /\!/ m$ のとき，$\angle a$，$\angle b$，$\angle c$ の大きさを求めなさい。

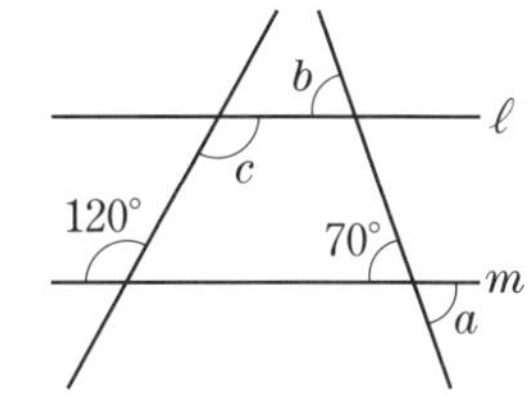

〈解答〉 対頂角 は等しいので，$\angle a=$ 70°

平行線の 同位角 は等しいので，$\angle b=$ 70°

平行線の 錯角 は等しいので，$\angle c=$ 120°

例題2 右の図で $\angle a$，$\angle b$ の大きさを求めなさい。

70°
50°
a
50°

ℓ
125°
125°
b
m
($\ell /\!/ m$)

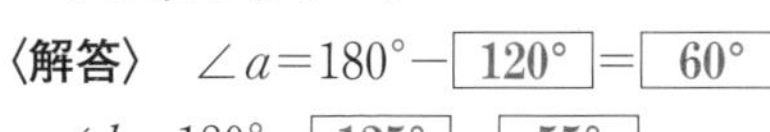

〈解答〉 $\angle a=180°-$ 120° $=$ 60°

$\angle b=180°-$ 125° $=$ 55°

例題3 右の図で，

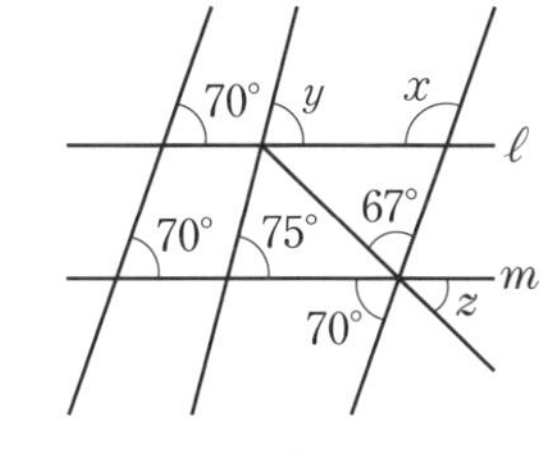

錯角 が等しいので，$a /\!/ c$

同位角 が等しいので，$\ell /\!/ m$

また，$\angle x=$ 110°　←180°−70°

$\angle y=$ 75°　←$\ell /\!/ m$ で同位角は等しい

$\angle z=$ 43°　←180°−(70°+67°)

例題4 右の図で，$\angle \mathrm{ACD}=\angle a+\angle b$ が成り立つことを証明しなさい。

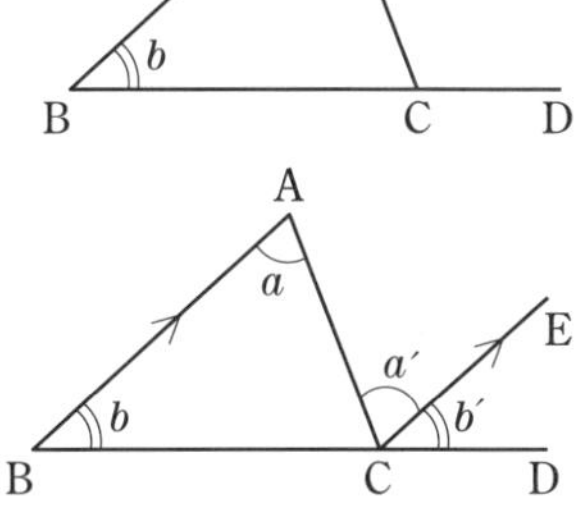

〈証明〉 右下の図のように，点Cを通って辺ABに平行な直線CEをひき，

$\angle \mathrm{ACE}=\angle a'$，$\angle \mathrm{ECD}=\angle b'$

とすると，

平行線の 錯角 は等しいから，
↑根拠となることがら

$\angle a=$ $\angle a'$

平行線の 同位角 は等しいから，
↑根拠となることがら

$\angle b=$ $\angle b'$

したがって，$\angle \mathrm{ACD}=\angle a'+\angle b'=$ $\angle a$ $+$ $\angle b$

三角形の内角の和……三角形の内角の和は**180°**である。

三角形の内角と外角……三角形の外角は，それと**となり合わない2つの内角の和**に等しい。

多角形の内角の和

***n*角形**の内角の和は**180°×(*n*−2)**である。

多角形の外角の和

多角形の外角の和は**360°**である。

三角形も四角形も五角形も，外角の和はどれも360°だよ。

〔三角形の内角と外角〕

右の図で，

$\angle c = \angle a + \angle b$

注・右の図で，内角の和は，$\angle a + \angle b + \angle c$

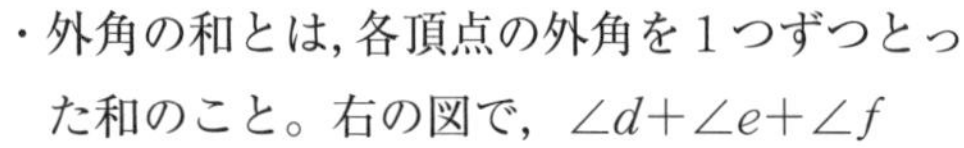

・外角の和とは，各頂点の外角を１つずつとった和のこと。右の図で，$\angle d + \angle e + \angle f$

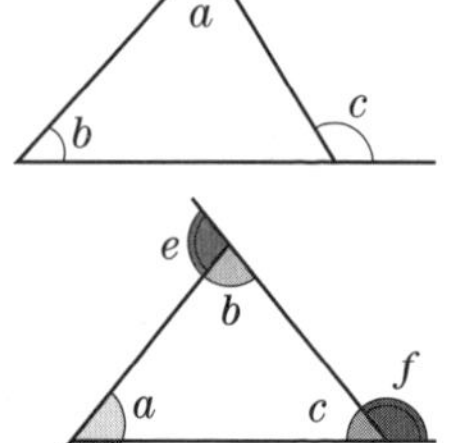

例題

例題１ 右の図で，$\angle x$，$\angle y$ の大きさを求めなさい。

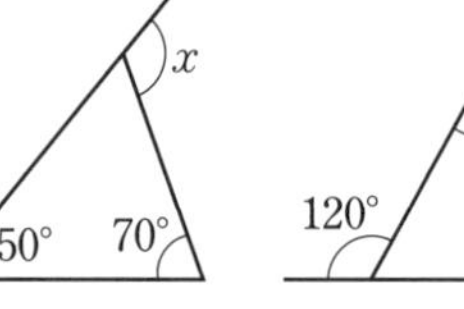

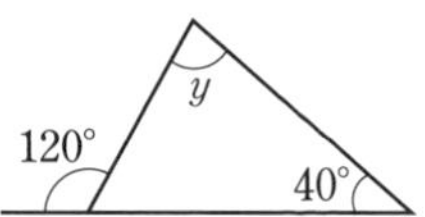

〈解答〉 三角形の内角と外角の関係より，$\angle x =$ [50°+70°] = [120°]

$\angle y =$ [120°] − [40°] = [80°]

例題２ 右の図で，$\angle x$ の大きさを求めなさい。

〈解答〉

$\angle a =$ [40°] + [45°] = [85°]

$\angle x = \angle a + 30° =$ [85°] + 30° = [115°]

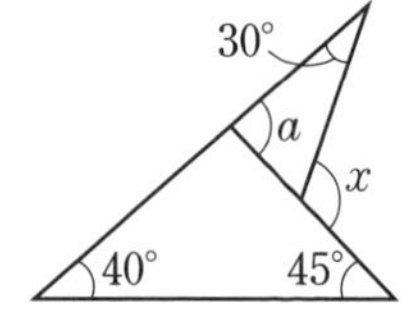

例題3 二十二角形の内角の和を求めなさい。

〈解答〉 180°×(22－2)＝3600°

例題4 正六角形の内角の和と，１つの内角の大きさを求めなさい。

〈解答〉 内角の和は，180°×(6－2)＝720°

正六角形のそれぞれの内角の大きさは等しいので，１つの内角の大きさは，720°÷6＝120° ←正多角形の内角はすべて等しい

例題5 正九角形の1つの外角の大きさを求めなさい。

〈解答〉 360°÷9＝40° ←多角形の外角の和は360° 答 40°

例題6 １つの外角が36°である正多角形は正何角形か。

〈解答〉 360°÷36＝10 より，正十角形である。

例題7 １つの外角が24°である正多角形の内角の大きさを求めなさい。

〈解答〉 180°－24°＝156° ←１つの内角と外角の和は180° 答 156°

例題8 内角の和が2700°である多角形は何角形か。

〈解答〉 求める多角形を n 角形とすると，180×($n-2$)＝2700より，

$n-2$＝15，n＝17 答 十七角形

例題9 右の図で，∠x の大きさを求めなさい。

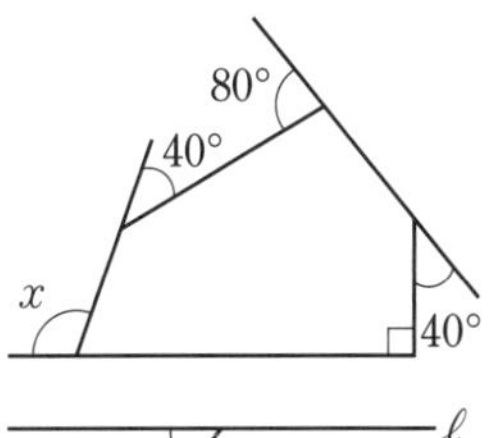

〈解答〉 五角形の外角の和は 360° なので

∠x＝360°－(90°＋40°＋80°＋40°)

＝360°－250°＝110°

例題10 右の図で，$\ell /\!/ m$ のとき，∠x の大きさを求めなさい。

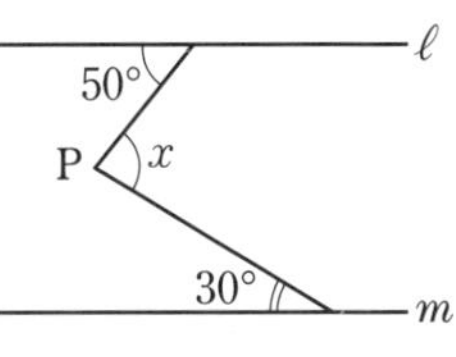

〈解答１〉 点Pを通り，ℓ，m に平行な直線 n をひく。∠x＝50°＋30°＝80°

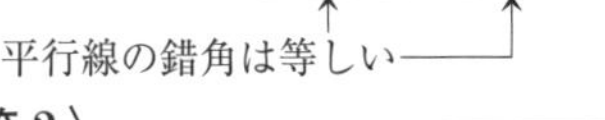

〈解答２〉

∠x の辺を延長する。

∠x＝50°＋30°

＝80°

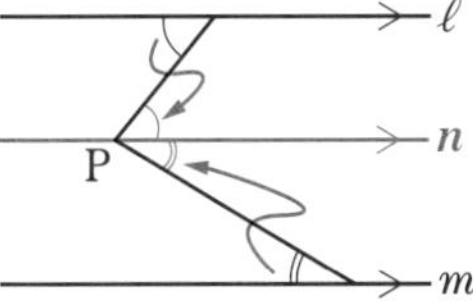

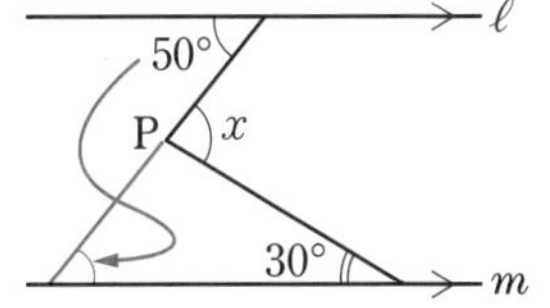

用語・公式 check!

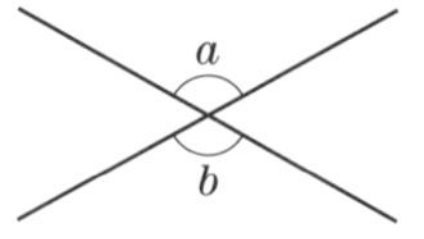

□右の図で，$\angle a$ と $\angle b$ の関係を何というか。	対頂角
□右の図で，$\angle a$ が125°のとき，$\angle b$ は何度か。	125°
□右の図で，$\angle a$ と $\angle c$ の関係を何というか。	同位角
□右の図で，$\angle b$ と $\angle c$ の関係を何というか。	錯角
□右の図で，$\angle a=\angle c$，$\angle b=\angle c$ となるのはどのようなときか。	$\ell /\!/ m$
□２直線が平行になるのは，同位角や□が等しいときである。	錯角
□右の図で，$\angle a$ は ① 角，$\angle b$ は ② 角である。	①外 ②内
□右の図で， $\angle x=$ ① $+$ ② $\angle y=$ ③ $+$ ④	①$\angle b$　②$\angle c$ ③$\angle a$　④$\angle c$
□三角形の外角は，それととなり合わない２つの□の和と等しい。	内角
□ n 角形の内角の和は，① $\times(n-$ ② $)$	①180°　②2
□五角形の内角の和は何度か。	540°
□十二角形の内角の和は何度か。	1800°
□三角形の外角の和は何度か。	360°
□五角形の外角の和は何度か。	360°
□正十角形の１つの外角の大きさは何度か。	36°

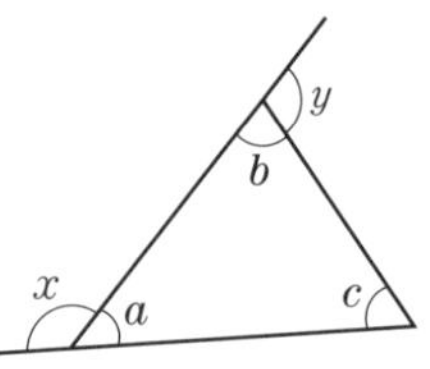

節末練習問題　教 p.110

〔平行線の性質，三角形の内角・外角の性質，多角形の外角の和〕

1　下の図で，$\angle x$ の大きさを求めなさい。

でる (1)

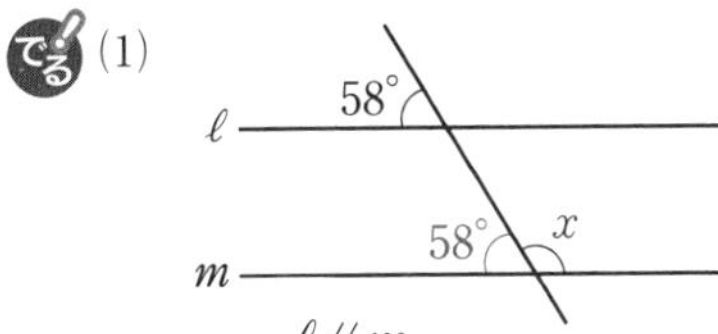

$\angle x=180°-58°$　(　122°　)

(2)

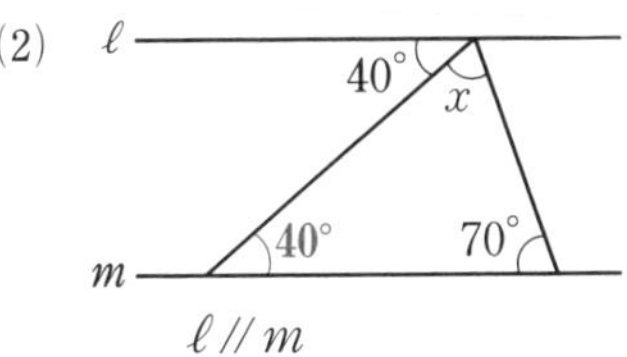

$\angle x=180°-(40°+70°)$　(　70°　)

(3)

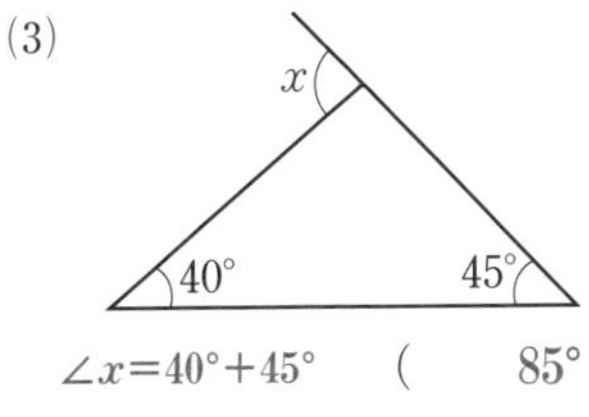

$\angle x=40°+45°$　(　85°　)

(4)

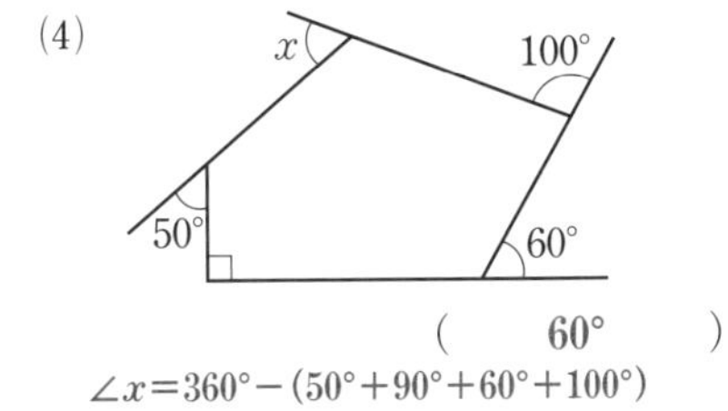

(　60°　)

$\angle x=360°-(50°+90°+60°+100°)$

〔多角形の内角の和，外角の和〕

2　次の問に答えなさい。

(1)　十一角形の内角の和を求めなさい。

$180°\times(11-2)=180°\times9=1620°$　(　1620°　)

(2)　正十角形の１つの内角の大きさを求めなさい。$180°\times(10-2)\div10=\dfrac{180°\times8}{10}=144°$　(　144°　)

(3)　内角の和が900°である多角形は何角形か。

$180°\times(n-2)=900°$より，$n-2=5$，$n=5+2=7$　(　七角形　)

(4)　正十八角形の１つの外角の大きさを求めなさい。

$360°\div18=20°$　(　20°　)

(5)　１つの外角が12°である正多角形は正何角形か。

$360°\div12°=30$　(　正三十角形　)

アドバイス

(3)　求める多角形を n 角形として，内角の和の公式で方程式をつくって解く。

節 合同な図形

❶ 合同な図形の性質と表し方 教 p.112

合同な図形とは，
形も大きさも同
じ図形のことだ
ね。

合同……平面上の２つの図形が，重ね合わせることができるとき，２つの図形は**合同**であるという。

合同な図形の性質……合同な図形では，**対応する線分や角は等しい。**

右の図で四角形ABCDと四角形A′B′C′D′が**合同**で，対応する頂点がAとA′，BとB′，CとC′，DとD′であるとする。これを**合同を表す記号≡**を使って，

四角形ABCD≡四角形A′B′C′D′ と表す。

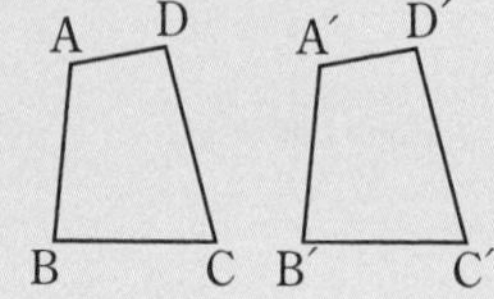

注 合同の記号を使うときは，対応する頂点の名まえを周にそって同じ順に書く。

例題

例題１ 右の図の２つの四角形は合同である。このことを，合同を表す記号を使って表しなさい。また，対応する辺や角をそれぞれ答えなさい。

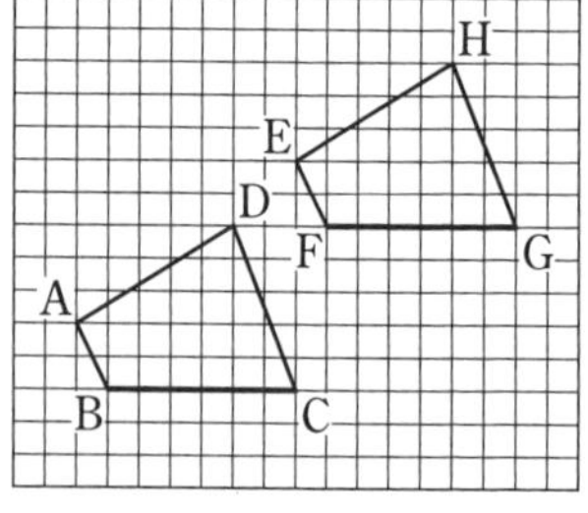

〈解答〉 四角形ABCD≡四角形EFGH

合同な図形では，対応する 線分 や角は等しいから，図をみて対応する組み合わせを見つける。対応するのは，辺ABと 辺EF ，辺BCと 辺FG ，辺CDと 辺GH ，辺DAと 辺HE

∠Aと ∠E ，∠Bと ∠F ，∠Cと ∠G ，∠Dと ∠H

❷ 三角形の合同条件　教 p.113～p.115

教 p.113～p.115

三角形の合同条件

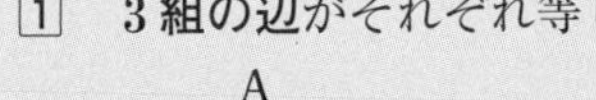

① 3組の辺がそれぞれ等しい。

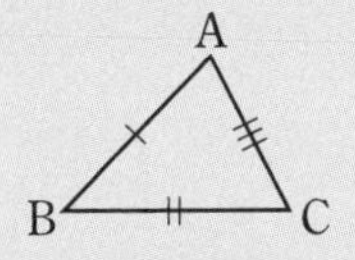

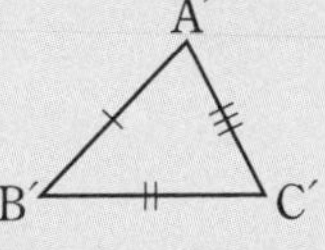

AB＝A′B′
BC＝B′C′
CA＝C′A′

② 2組の辺とその間の角がそれぞれ等しい。

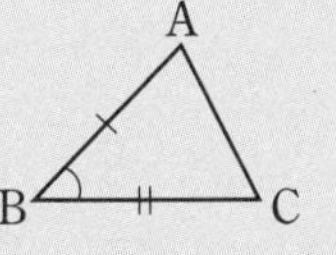

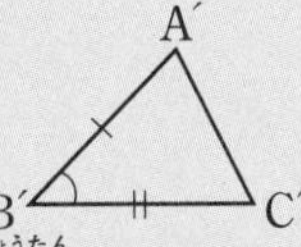

AB＝A′B′
BC＝B′C′
∠B＝∠B′

③ 1組の辺とその両端（りょうたん）の角がそれぞれ等しい。

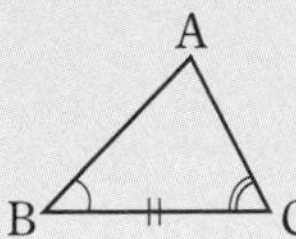

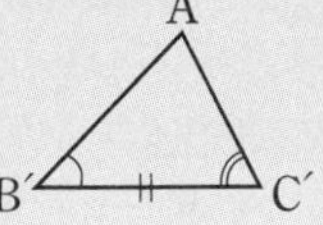

BC＝B′C′
∠B＝∠B′
∠C＝∠C′

2辺と1組の角が決まっても，その角が2辺の間にない場合は三角形は1つに決まらないよ。

例題

例題1 下の図で，合同な三角形はどれとどれか。記号≡を使って表しなさい。また，そのときに使った合同条件をいいなさい。

〈解答〉

△ABC≡ **△KLJ**

2組の辺とその間の角がそれぞれ等しい。

△DEF≡ **△WXV**

1組の辺とその両端の角がそれぞれ等しい。

△MNO≡ **△UTS(△UST)**

3組の辺がそれぞれ等しい。

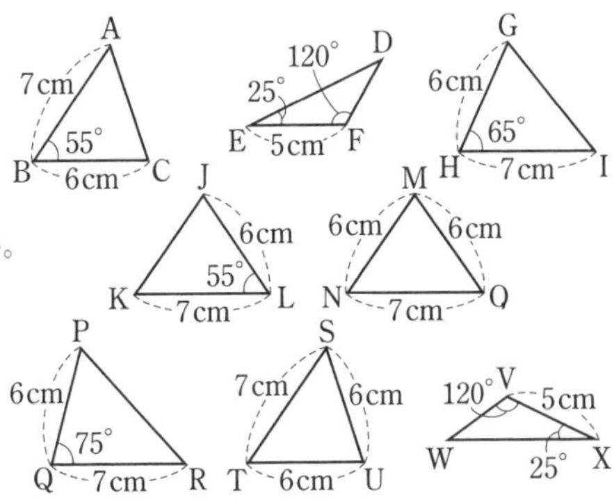

例題2 次のそれぞれの図形で，合同な三角形の組を見つけ，記号≡を使って表しなさい。また，そのときに使った合同条件をいいなさい。ただし，それぞれの図で，同じ印をつけた辺や角は等しいとする。

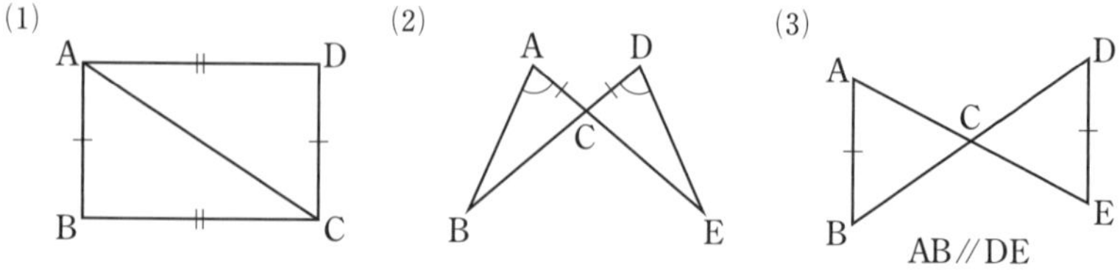

(1) A D B C

(2) A D C B E

(3) A D C B E AB∥DE

〈解答〉

(1) △ABCと△CDAにおいて，AB= CD ，BC= DA

また，CAとACは共通な辺なので，CA= AC

したがって， 3組の辺 がそれぞれ等しいので，△ABCと△CDAは合同である。

答 △ABC≡△CDA
合同条件：3組の辺がそれぞれ等しい。

(2) △ABCと△DECにおいて，AC= DC ，∠CAB= ∠CDE

また，対頂角は等しいので，∠BCA= ∠ECD

したがって， 1組の辺とその両端の角 がそれぞれ等しいので，△ABCと△DECは合同である。

答 △ABC≡△DEC
合同条件：1組の辺とその両端の角がそれぞれ等しい。

(3) △ABCと△EDCにおいて，AB= ED

また，平行線の錯角は等しいので，∠CAB= ∠CED

∠ABC= ∠EDC

したがって， 1組の辺とその両端の角 がそれぞれ等しいので，△ABCと△EDCは合同である。

答 △ABC≡△EDC
合同条件：1組の辺とその両端の角がそれぞれ等しい。

❸ 証明のすすめ方　教 p.116〜p.121

仮定（かてい）**と結論**（けつろん）……図形の性質はよく次の形で述べられる。

A*　ならば　*B

「ならば」の前の***A***の部分は**仮定**

「ならば」のあとの***B***の部分は**結論**

三角形の合同を証明するときは，三角形の合同条件が使えるような，等しい辺や角を見つけよう。

証明の根拠となることがら

右の図のように，２つの線分AB，CDが点Eで交わり，

EA＝EB，AD∥CB ならば，

ED＝EC

である。このことを証明する。

A　D　E　C　B

仮定 は EA＝EB，AD∥CB

結論 は ED＝EC

仮定から結論を導くには △AED≡△BEC を示せばよい。

△AEDと△BECにおいて

		根拠となることがら
EA＝EB	………	仮定
∠AED＝∠BEC	………	対頂角は等しい。
∠EAD＝∠EBC	………	平行線の錯角は等しい。
よって　△AED≡△BEC	……	１組の辺とその両端の角がそれぞれ等しい２つの三角形は合同である。
これより　ED＝EC	………	合同な図形の対応する辺は等しい。

絶対暗記 *A* ならば *B*　*A*→仮定，*B*→結論

注 証明は，根拠となることがらを明らかにして結論を導く。

重要例題

例題１ 次のそれぞれについて，仮定と結論をいいなさい。

(1) △ABC≡△DEF ならば ∠A＝∠D

（仮定　**△ABC≡△DEF**　結論　**∠A＝∠D**）

(2) x が６の約数ならば，x は18の約数である。

（仮定　**x が６の約数**　結論　**x は18の約数**）

例題２「右の図で，点Oが線分AB，CDそれぞれの中点ならばAC∥DBである」について，次の問に答えなさい。

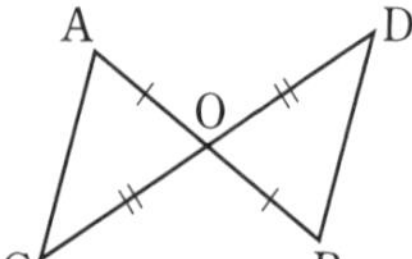

(1) 仮定と結論をいいなさい。

〈解答〉「X ならば Y である」では，X が 仮定 ，Y が 結論 にあたる。
仮定にあたる「点Oが線分AB，CDのそれぞれの中点である」を記号を使って表す。

答　仮定　**OA＝OB，OC＝OD**　，結論　**AC∥DB**

(2) 次の□にあてはまることばや式をいれなさい。

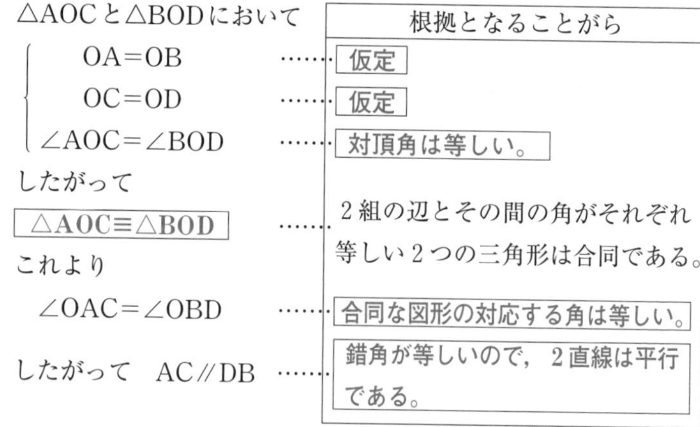

△AOCと△BODにおいて

	根拠となることがら
OA＝OB	仮定
OC＝OD	仮定
∠AOC＝∠BOD	対頂角は等しい。
したがって	
△AOC≡△BOD	2組の辺とその間の角がそれぞれ等しい２つの三角形は合同である。
これより	
∠OAC＝∠OBD	合同な図形の対応する角は等しい。
したがって　AC∥DB	錯角が等しいので，２直線は平行である。

〔証明の書き方〕

例題 1 右の図で，AO＝BO，CO＝DO である。このとき，△AOD と△BOC が合同であることを証明しなさい。

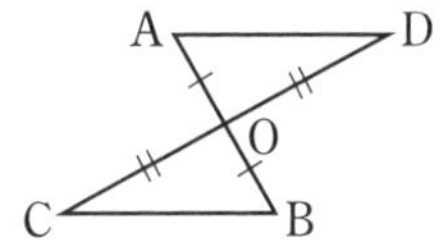

〈証明〉

△AOD と△BOC において　←合同を証明する三角形を述べる 頂点は対応する順をそろえて書く

仮定から　AO＝[BO]……①
DO＝[CO]……②

｝仮定としてわかっていることを述べる

対頂角は等しいから
∠AOD＝[∠BOC]……③

｝三角形の合同条件が使えるような等しい辺，角を見つけ，根拠とともに述べる

①，②，③より，
[2 組の辺とその間の角]がそれぞれ等しいから

｝根拠となる合同条件を述べる

△AOD≡△BOC

△AOD の辺，角は＝の左側に，
△BOC の辺，角は＝の右側に書く
頂点は対応する順にそろえて書く

用語・公式 check！

□三角形の合同条件	
・[　] 組の辺がそれぞれ等しい	3
・[①] 組の辺と [②] の角がそれぞれ等しい	①2　②その間
・1 組の辺と [　] の角がそれぞれ等しい	その両端
□2 直線が平行であることを証明するには，[　] が等しいことをいえばよい。	同位角か錯角

節末練習問題

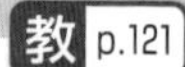

〔三角形の合同条件〕

1　右の図で，次の各場合にそれぞれどんな条件をつけ加えれば，△ABCと△DEFが合同になるか。つけ加える条件を1ついいなさい。

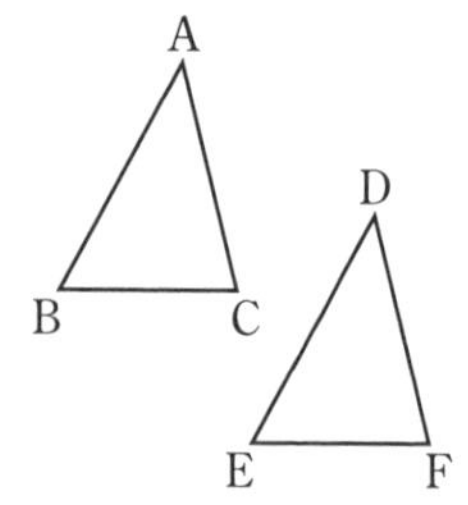

(1)　AB＝DE，∠A＝∠D

（　**∠B＝∠E または，AC＝DF**　）

(2)　∠A＝∠D，∠B＝∠E　　（　**AB＝DE**　）

(3)　AC＝DF，AB＝DE

（　**BC＝EF または，∠A＝∠D**　）

〔仮定と結論，証明のすすめ方〕

2　右の図で，

AB＝DC，AC＝DB ならば，

∠ACB＝∠DBC である。

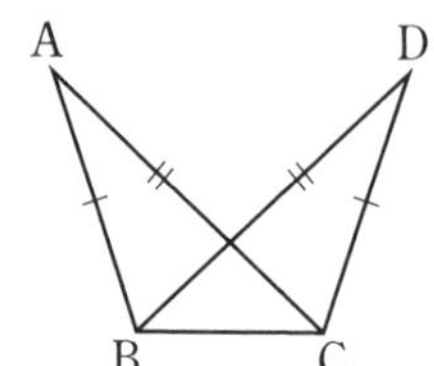

(1)　仮定と結論をいいなさい。

（仮定　**AB＝DC，AC＝DB**　　結論　**∠ACB＝∠DBC**　）

(2)　このことを証明しなさい。

〈証明〉

△ABCと **△DCB** において　　←合同を証明する三角形を述べる

仮定から　　AB＝ **DC** ……①

　　　　　　AC＝ **DB** ……②　　｝仮定としてわかっていることを述べる

共通なので　**BC** ＝CB　……③　　←合同条件が使えるような等しい辺，角を見つけ，根拠とともに述べる

①，②，③より，**3組の辺がそれぞれ等しい** から

　　　△ABC≡△DCB　　｝合同条件を述べる

合同な図形の対応する **角** は等しいから

　　　∠ACB＝∠DBC

定期テスト対策

でる 1　下の図で，$\angle x$の大きさを求めなさい。

(1)

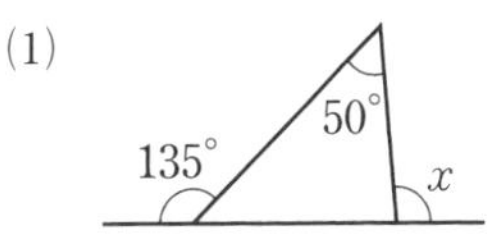

$\angle x=50°+(180°-135°)=95°$

(95°)

(2)

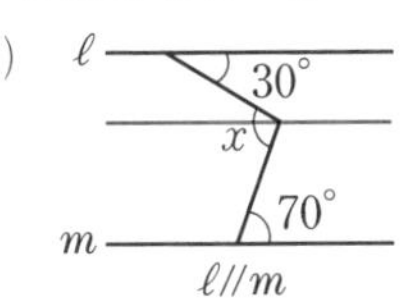

$\angle x=30°+70°=100°$

(100°)

(3)

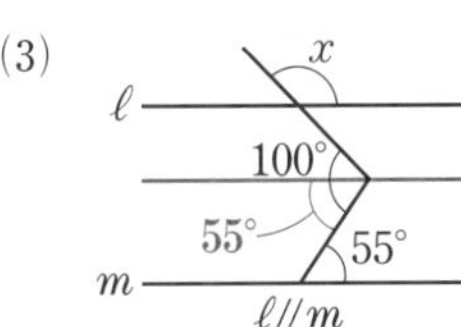

$\angle x=180°-(100°-55°)=135°$

(135°)

2　次の問に答えなさい。

(1)　正三十角形の1つの内角の大きさを求めなさい。

$180°\times(30-2)\div30=\dfrac{180°\times28}{30}=168°$　(168°)

(2)　内角の和が1260°である多角形は何角形か。

$180°\times(n-2)=1260°$　$n-2=7$，$n=9$　(九角形)

(3)　1つの外角が20°である正多角形の内角の大きさを求めなさい。

$180°-20°=160°$　(160°)

(4)　1つの外角が15°である正多角形は正何角形か。

$360°\div15°=24$　(正二十四角形)

でる 3　下の図で，$\angle x$の大きさを求めなさい。

(1)

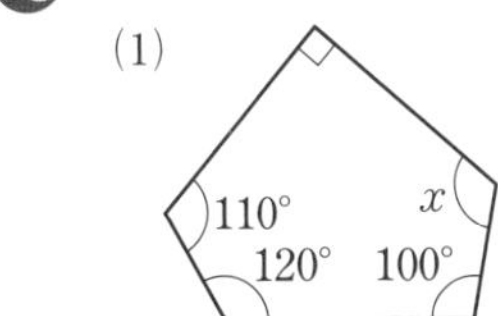

内角の和　$180°\times(5-2)=540°$

$540°-(90°+110°+120°+100°)$

$=120°$

(120°)

(2)

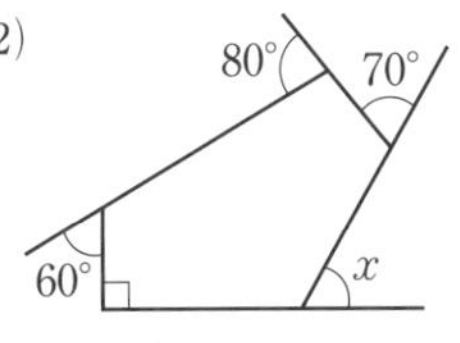

$360°-(70°+80°+60°+90°)$

$=60°$

(60°)

(3)

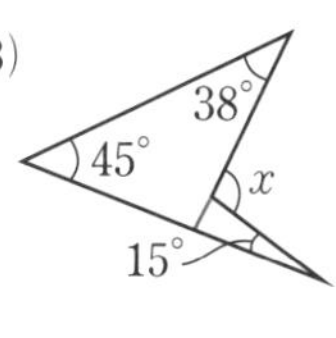

$\angle x=(45°+38°)+15°$

$=98°$

(98°)

4　右の図で，AB＝AD，∠ABC＝∠ADE ならば，∠ACB＝∠AED となる。

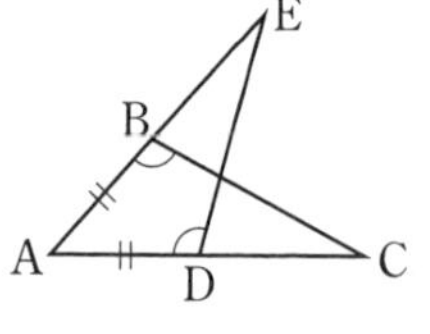

(1)　仮定と結論をいいなさい。

（仮定　　**AB＝AD，∠ABC＝∠ADE**　）

（結論　　**∠ACB＝∠AED**　）

(2)　証明しなさい。

〈証明〉　**△ABCと△ADE** において，

仮定から　　AB＝ **AD** ……①

∠ABC＝ **∠ADE** ……②

∠A は共通 ……③

①，②，③より，**1組の辺とその両端の角** がそれぞれ等しいから

△ABC≡△ADE

合同な図形の **対応する角** は等しいから

∠ACB＝∠AED

5　右の図で，AC＝BD，BC＝AD ならば，AD∥CB となることを証明しなさい。

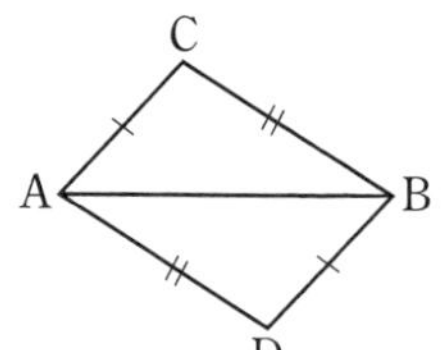

〈証明〉　△ABCと **△BAD** において

仮定 から　　**AC** ＝BD ……①

BC＝AD ……②

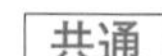
共通 なので　　AB＝BA ……③

①，②，③より，**3組の辺がそれぞれ等しい** から

△ABC≡△BAD

合同な図形の **対応する角** は等しいから

∠CBA＝ **∠DAB**

錯角 が等しいから

AD∥CB

この考え方も身につけよう

紙の折り曲げと角度の問題

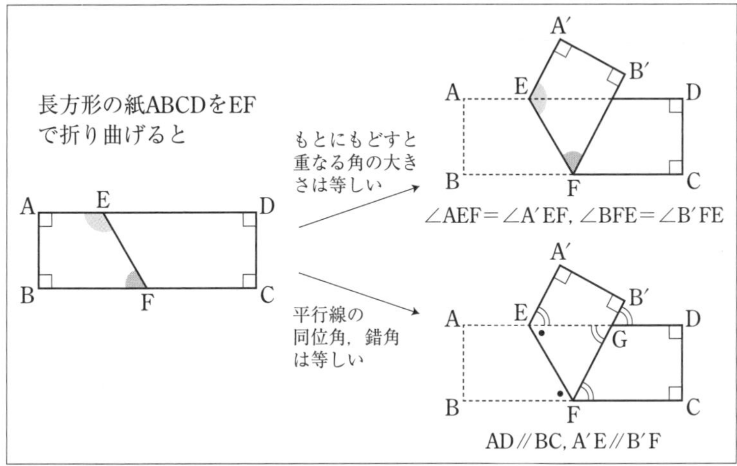

問　長方形の紙を，下のように折った。それぞれについて，∠xの大きさを求めなさい。

(1)

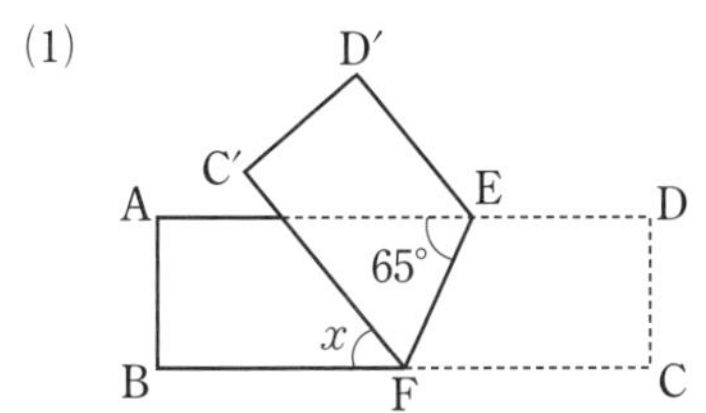

(2)

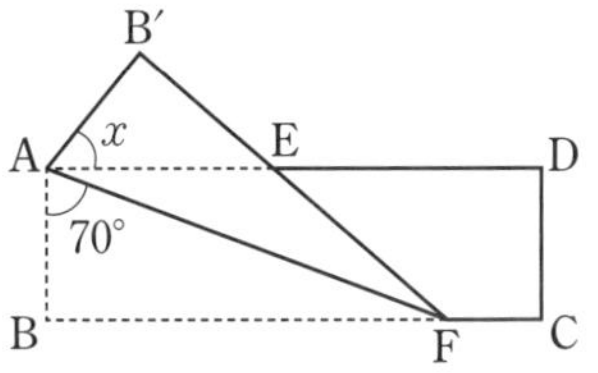

〈解答〉　(1)　∠EFC＝[65]°　←∠EFC＝∠AEF

∠x＝180°－([65°×2])＝[50]°　←∠C′FE＝∠CFE

(2)　∠AFB＝[20]°　←∠AFB＝180°－∠B－∠FAB

∠EAF＝[20]°　←∠EAF＝∠AFB

∠B′AF＝[70]°　←∠B′AF＝∠BAF

∠x＝∠B′AF－∠EAF＝[50]°

角度の問題では，わかる角から順に，図にかきこんで求めていこう。

5章 図形の性質を見つけて証明しよう ——三角形と四角形

1節 三角形

❶ 二等辺三角形の性質 教 p.128〜p.132

二等辺三角形

長さの等しい2つの辺の間の角を**頂角**，頂角に対する辺を**底辺**，底辺の両端の角を**底角**という。

A
頂角
底角 底角
B 底辺 C

定義……「二等辺三角形とは，2つの辺が等しい三角形のことである。」のように，**ことばの意味をはっきりと述べたもの。**

定理……「二等辺三角形の底角は等しい」という性質のように，**証明されたことがらのうち，大切なもの。**

頂角が直角である二等辺三角形を，直角二等辺三角形というよ。

重要例題

例題1 二等辺三角形の底角が等しいことを証明しなさい。

〈証明〉 下の図のように，二等辺三角形ABCの 頂角 ∠Aの二等分線をひき， 底辺 BCとの交点をDとする。

△ABDと△ACDにおいて

仮定から　AB＝ AC ……①

ADは共通 ……②

∠BAD＝ ∠CAD ……③

①，②，③より，2組の辺とその間の角がそれぞれ等しいから　△ABD≡ △ACD

合同な図形の対応する角は等しいので，

∠ABD＝ ∠ACD より，二等辺三角形の底角は等しい。

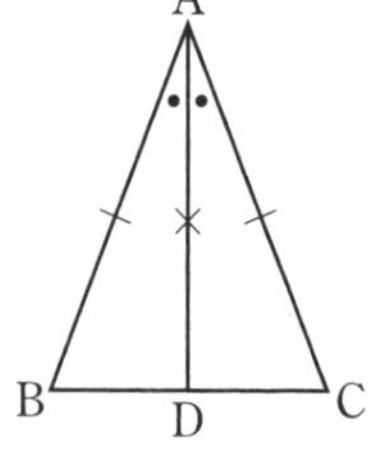

二等辺三角形の性質

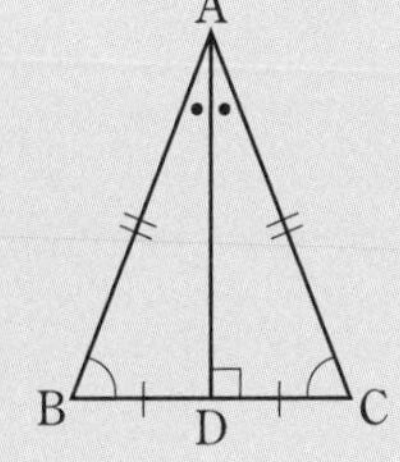

定理

二等辺三角形の**底角は等しい。**

定理

二等辺三角形の**頂角の二等分線**は，**底辺を垂直に 2 等分**する。

0°より大きく
90°より小さい角
を鋭角，90°より
大きく180°より
小さい角を鈍角
というよ。

正三角形

定義

正三角形とは，**3 つの辺が等しい三角形**のことである。

定理

正三角形の**3 つの角は等しい。**

重要例題

例題 1 上の二等辺三角形において，∠BAD＝∠CAD のとき，AD⊥BC になることを証明しなさい。

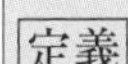

〈証明〉 △ABD と△ACD において

仮定から　∠BAD＝ **∠CAD**

AB＝ **AC**

ADは共通

2 組の辺とその間の角がそれぞれ等しいから

△ABD **≡** △ACD

合同な図形の対応する角は等しいから

∠ADB＝ **∠ADC** ……①

また　∠ADB＋∠ADC＝ **180°** ……②

①，②より　2∠ADB＝ **180°**

したがって　∠ADB＝ **90°** であるから

AD⊥BC

❷ 二等辺三角形になるための条件　教 p.133～p.135

二等辺三角形になるための条件

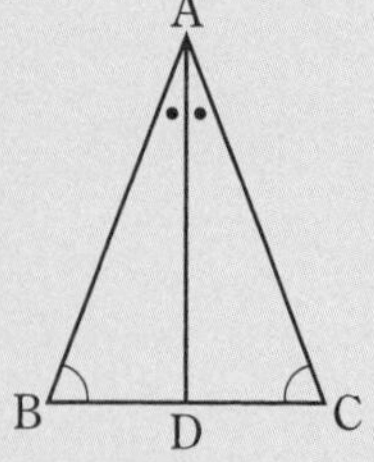

定理

三角形の**2つの角が等しければ**，その三角形は，**等しい2つの角を底角**とする二等辺三角形である。

あることがらが正しいとしても，その逆が正しいとはかぎらないよ。

逆（ぎゃく）

あることがらの**仮定と結論を入れかえたもの**を，そのことがらの逆という。

反例（はんれい）……あることがらが成り立たない例のこと。

重要例題

例題１ 上の三角形を使って，2つの角が等しい三角形の2つの辺は等しいことを証明しなさい。

〈証明〉 ∠Aの二等分線をひき，BCとの交点をDとする。

上の図で，△ABDと△ACDにおいて

仮定から　∠ABD＝**∠ACD**　∠BAD＝**∠CAD**　……①

三角形の内角の和は**180°**であるから　∠ADB＝**∠ADC**　……②

ADは共通　……③

①，②，③より，1組の辺とその両端の角がそれぞれ等しいから

△ABD≡**△ACD**

合同な図形の対応する辺は等しいから　AB＝**AC**

例題２ 逆をいいなさい。また，それが正しいかどうかもいいなさい。

(1)　$x=-2$　ならば　$x<0$　　(2)　正三角形の3つの辺は等しい。

〈解答〉 (1)　**$x<0$　ならば　$x=-2$，正しくない。（反例　$x=-1$）**

(2)　**3つの辺が等しい三角形は正三角形である。正しい。**

要点 ❸ 直角三角形の合同  p.136〜p.138

直角三角形の合同条件

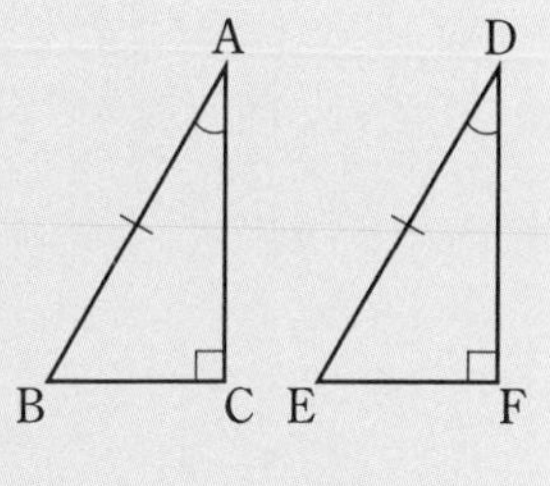

定理

2つの直角三角形は，次の条件①，②のどちらかが成り立つとき**合同**である。

① **斜辺と1つの鋭角**がそれぞれ等しい。

② **斜辺と他の1辺**がそれぞれ等しい。

直角三角形では，いままでの合同条件も使えるよ。直角三角形の合同条件を使うときは，直角三角形であることを，解答にはっきり書こう。

★直角三角形の直角に対する辺を**斜辺**（しゃへん）という。

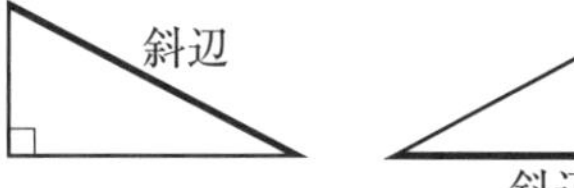

重要例題

例題1 右の図のように，△ABCの∠Bと∠Cの二等分線の交点をIとし，Iから3辺に垂線をひいて，AB，BC，CAとの交点をそれぞれD，E，Fとするとき，ID＝IE＝IFを証明しなさい。

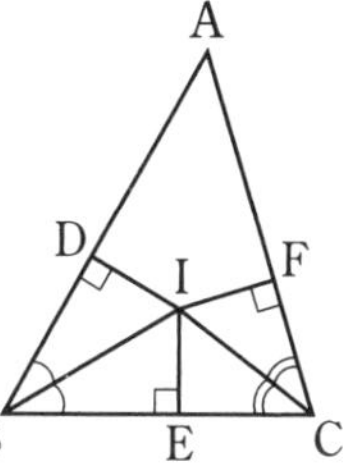

〈証明〉 △IDBと［△IEB］において

仮定から　∠IDB＝［∠IEB］＝［90］°　……①

∠IBD＝［∠IBE］　……②

IBは共通　……③

①，②，③より，直角三角形で［斜辺と1つの鋭角］がそれぞれ等しいから　△IDB≡［△IEB］

合同な図形の対応する辺は等しいから　ID＝［IE］

同様に△ICE≡［△ICF］より　IE＝IF

これより　ID＝IE＝IF

用語・公式 check!

□二等辺三角形で，長さの等しい2つの辺の間の角のことを何というか。	頂角
□二等辺三角形で，頂角に対する辺を何というか。	底辺
□二等辺三角形で，底辺の両端の角を何というか。	底角
□ことばの意味をはっきりと述べたものを，そのことばの何というか。	定義
□二等辺三角形の定義は，「二等辺三角形とは，□が等しい三角形のことである。」	2つの辺
□「二等辺三角形の底角は等しい」という性質のように，証明されたことがらのうち，大切なものを何というか。	定理
□0°より大きく90°より小さい角を何というか。	鋭角
□90°より大きく180°より小さい角を何というか。	鈍角
□二等辺三角形の頂角の二等分線は，底辺を垂直に□する。	2等分
□三角形の2つの角が等しければ，その三角形は等しい2つの角を底角とする□三角形。	二等辺
□正三角形の定義は，「正三角形とは，□が等しい三角形のことである。」	3つの辺
□「xが自然数ならば，$x>0$」の逆は，「①ならば，②」である。	① $x>0$ ② xは自然数
□正しい定理の逆は，必ず正しいといえるか。	いえない
□あることがらが正しくないことを示すには，□を1つあげればよい。	反例
□直角三角形の，直角に対する辺を何というか。	斜辺
□直角三角形の合同条件	
・斜辺と1つの□がそれぞれ等しい。	鋭角
・斜辺と他の□がそれぞれ等しい。	1辺

節末練習・問題　教 p.138

〔定理の逆〕

1　次の(1)，(2)について，それぞれの逆をいいなさい。また，それが正しいかどうかもいいなさい。

(1)　$x-7=3$　ならば　$x=10$

（**$x=10$　ならば　$x-7=3$**
正しい。）

(2)　△ABCと△DEFで，△ABC≡△DEFならば　∠B＝∠E

（**ABCと△DEFで，∠B＝∠E ならば　△ABC≡△DEF**
正しくない。）
(反例) AB＝2cm，BC＝3cm，∠B＝90° の△ABC と，
DE＝5cm，EF＝8cm，∠E＝90° の△DEF

〔直角三角形の合同条件〕

でる **2**　右の図で，AB＝AC，∠AEC＝∠ADB＝90° として，次の問に答えなさい。

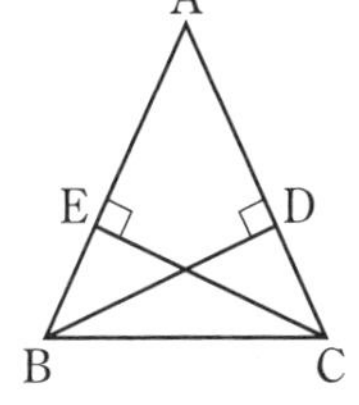

(1)　△ABD≡△ACE を証明するために使う合同条件は何か。

（**2つの直角三角形で，斜辺と1つの鋭角がそれぞれ等しい。**）

(2)　AD＝AE を証明しなさい。

〈証明〉　△ABDと△ACEにおいて
仮定から　AB＝**AC**　……①
∠ADB＝**∠AEC**＝90°　……②
共通なので　∠BAD＝**∠CAE**　……③
①，②，③より，2つの直角三角形で，**斜辺と1つの鋭角**がそれぞれ等しいから　△ABD≡△ACE
合同な図形の**対応する辺**は等しいから
AD＝AE

2 節 平行四辺形

❶ 平行四辺形の性質 教 p.140〜p.142

対辺（たいへん）……四角形の**向かい合う辺**を対辺という。

対角（たいかく）……四角形の**向かい合う角**を対角という。

平行四辺形ABCDを▱ABCDと書くことがあるよ。

平行四辺形の定義

定義　平行四辺形とは，**2組の対辺がそれぞれ平行な四角形**のことである。

平行四辺形の性質

定理　平行四辺形では，

1. **2組の対辺**はそれぞれ等しい。
2. **2組の対角**はそれぞれ等しい。
3. **対角線**はそれぞれの**中点で交わる**。

定義　定理1　定理2　定理3

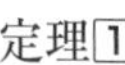

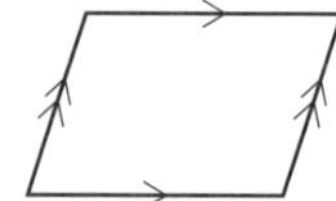

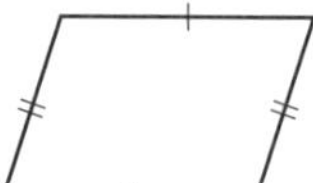

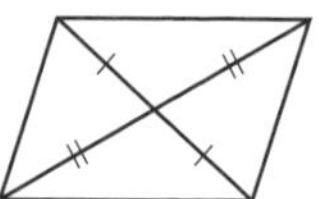

例題

例題 1　▱ABCDの対角線の交点をOとして，上の平行四辺形の性質の3を証明しなさい。

A　D　O　B　C

〈証明〉　△ABOと△CDOにおいて

平行四辺形の対辺はそれぞれ等しいから　AB＝CD　……①

AB∥DCより，平行線の錯角は等しいから

∠ABO＝∠CDO　……②　∠BAO＝∠DCO　……③

①，②，③より，1組の辺とその両端の角がそれぞれ等しいから

△ABO≡△CDO

合同な図形の対応する辺は等しいから　OA＝OC，OB＝OD

例題 2 下の図の▱ABCDで，x，y の値をそれぞれ求めなさい。

〈解答〉

(1) $x=5$，$y=60$

(2) $x=2$，$y=3$

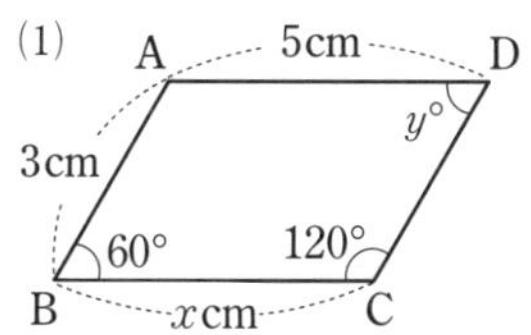

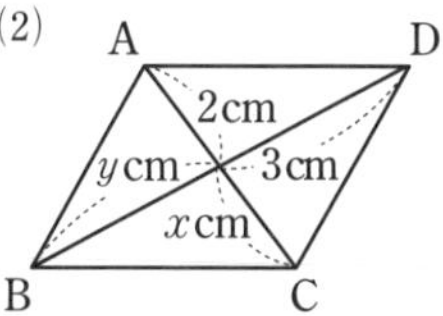

例題 3 ▱ABCDの対角線BD上に，BE＝DFとなるように2点E，Fをとると，AE＝CFとなることを証明しなさい。

〈証明〉 △ABEと△CDFにおいて

平行四辺形の対辺はそれぞれ等しいから　AB＝ CD ……①

仮定から　BE＝ DF ……②

AB∥DCより，平行線の錯角は等しいから

∠ABE＝ ∠CDF ……③

①，②，③より， 2組の辺とその間の角 がそれぞれ等しいから

△ABE≡ △CDF

合同な図形の対応する辺は等しいから　AE＝CF

例題 4 ▱ABCDの対角線の交点Oを通る直線が辺AD，BCと交わる点をそれぞれE，Fとすれば，AE＝CFであることを証明しなさい。

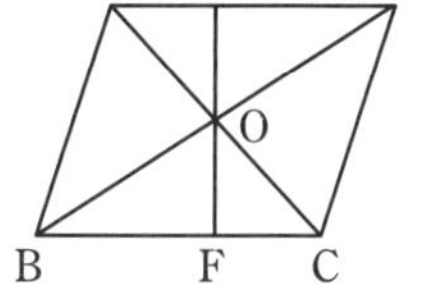

〈証明〉 △AOEと △COF において

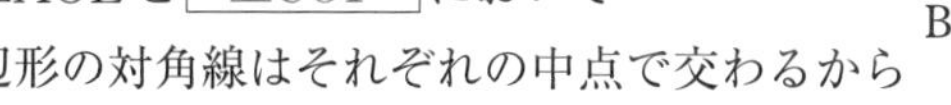

平行四辺形の対角線はそれぞれの中点で交わるから

OA＝ OC ……①

対頂角は等しいから　∠AOE＝ ∠COF ……②

AD∥BCより，平行線の錯角は等しいから

∠EAO＝ ∠FCO ……③

①，②，③より， 1組の辺とその両端の角 がそれぞれ等しいから

△AOE≡ △COF

合同な図形の対応する辺は等しいから　AE＝ CF

❷ 平行四辺形になるための条件　教 p.143〜p.147

平行四辺形になるための条件

例題1，2では，右の③，④のとき平行四辺形になることを証明しているよ。実際の証明問題では，③，④がいえたら，すぐに平行四辺形といっていいよ。

定理　四角形は，次の1〜5のうちのどれかが成り立てば，平行四辺形である。

1. **2組の対辺**がそれぞれ**平行**である。…**定義**
2. **2組の対辺**がそれぞれ**等しい**。
3. **2組の対角**がそれぞれ**等しい**。
4. **対角線**がそれぞれの**中点で交わる**。
5. **1組の対辺が平行**でその**長さが等しい**。

例題

例題1　2組の対角がそれぞれ等しい四角形は平行四辺形になることを，右の四角形ABCDを使って証明しなさい。

〈証明〉　四角形の内角の和は［360］°であるから

$\angle A+\angle B+\angle C+\angle D=$［360］°

また，$\angle A=$［$\angle C$］，$\angle B=$［$\angle D$］であるから

$\angle A+\angle B+$［$\angle A$］$+$［$\angle B$］$=$［360］°

したがって　$\angle A+\angle B=$［180］°　……①

また，頂点Aにおける外角$\angle DAE$をつくると

$\angle DAE+$［$\angle DAB$］$=180°$　……②

①，②より　$\angle DAE=$［$\angle B$］

同位角が等しいから　AD//［BC］

同様にして　AB//［DC］　←平行四辺形の定義

よって，四角形ABCDは平行四辺形である。

★「同様にして〜」というのは，同様な手順で証明できるという意味である。

例題 2 対角線がそれぞれの中点で交わる四角形は平行四辺形であることを，四角形ABCDの対角線の交点をOとして，証明しなさい。

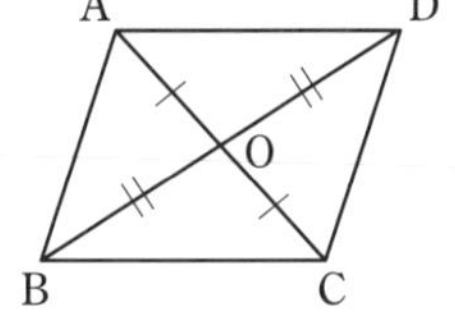

〈証明〉

△OADと［△OCB］において

仮定から　OA＝［OC］ ……①

OD＝［OB］ ……②

対頂角は等しいから

∠AOD＝［∠COB］ ……③

①，②，③より，［2組の辺とその間の角］がそれぞれ等しいから

△OAD≡［△OCB］

合同な図形の対応する角は等しいから　∠OAD＝［∠OCB］

錯角が等しいから　AD∥［BC］

同様にして　AB∥［DC］　←平行四辺形の定義

よって，2組の［対辺］がそれぞれ［平行］であるから，四角形ABCDは平行四辺形である。

例題 3 ▱ABCDの1組の対辺AD，BCの中点をそれぞれM，Nとすれば，四角形MBNDは平行四辺形であることを証明しなさい。

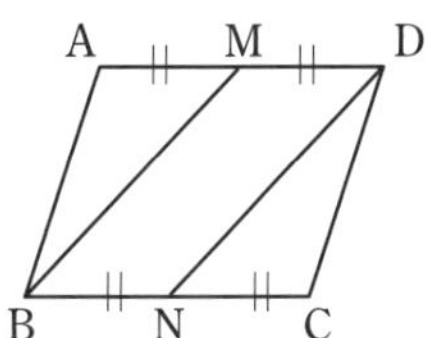

〈証明〉

仮定から　$MD=\frac{1}{2}$［AD］

$BN=\frac{1}{2}BC$

AD＝［BC］だから　MD＝［BN］

また，AD∥BCだから　MD∥［BN］

よって，［1組の対辺が平行でその長さが等しい］から，四角形MBNDは平行四辺形である。

❸ 特別な平行四辺形 教 p.148～p.150

長方形，ひし形，正方形は，平行四辺形の特別な形だよ。今まで学習した平行四辺形の性質をすべてもっているよ。

長方形

定義　長方形とは，**4つの角がすべて等しい四角形**のことである。

性質　長方形の**対角線**は**等しい**。

ひし形

定義　ひし形とは，**4つの辺がすべて等しい四角形**のことである。

性質　ひし形の**対角線**は**垂直に交わる**。

正方形

定義　正方形とは，**4つの角がすべて等しく，4つの辺がすべて等しい四角形**のことである。

性質　**長方形**と**ひし形**の**両方の性質**をもっている。

★

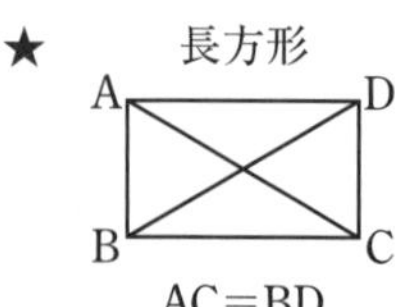

AC＝BD

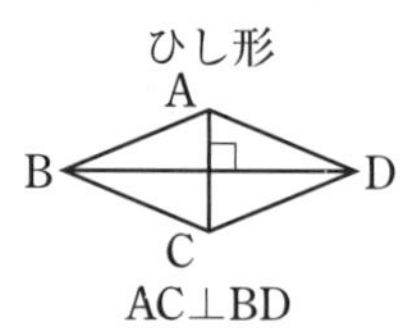

AC⊥BD

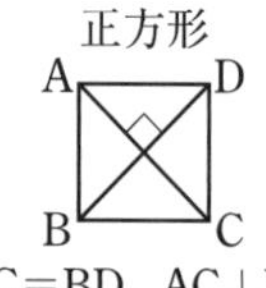

AC＝BD，AC⊥BD

★長方形，正方形の定義は，それぞれ，「長方形とは，4つの角がすべて直角である四角形のことである。」「正方形とは，4つの角がすべて直角で，4つの辺がすべて等しい四角形のことである。」といいかえることもできる。

重要！例題

例題1 長方形は平行四辺形であるわけをいいなさい。

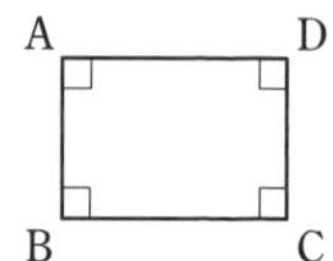

〈解答〉　長方形ABCDにおいて

定義から　　∠A＝∠B＝∠C＝∠D

すなわち　　∠A＝［∠C］，∠B＝［∠D］

2組の［対角］がそれぞれ等しいから，長方形ABCDは平行四辺形である。

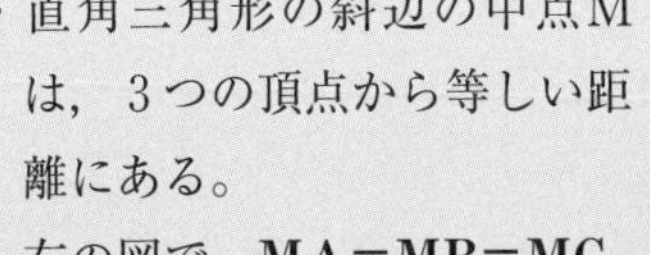

・直角三角形の斜辺の中点Mは，３つの頂点から等しい距離にある。

右の図で，**MA＝MB＝MC**

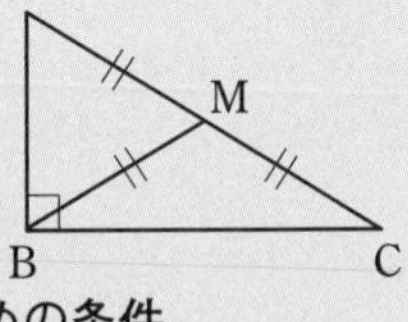

正方形の対角線は，等しくて，垂直に交わるんだね。

長方形，ひし形，正方形になるための条件

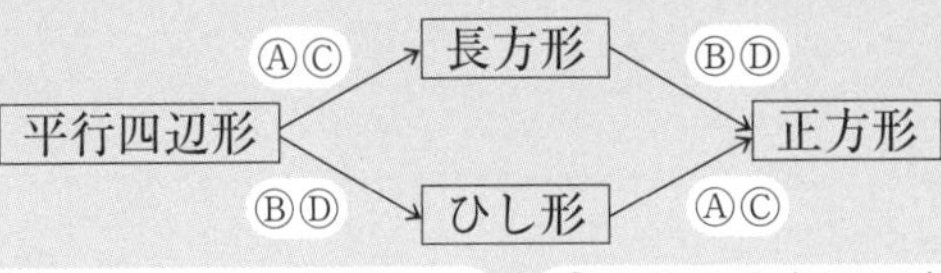

Ⓐとなり合う角が等しい　Ⓑとなり合う辺が等しい

Ⓒ対角線が等しい　Ⓓ対角線が垂直

例題

例題１ 右の図の長方形ABCDで，２つの対角線ACとBDが等しいことを証明しなさい。

A　D
B　C

〈証明〉　△ABCと△DCBにおいて

対辺は等しいから　AB＝［DC］……①

仮定から　∠ABC＝∠DCB……②

共通なので　［BC］＝CB……③

①，②，③より，［２組の辺とその間の角］がそれぞれ等しいから

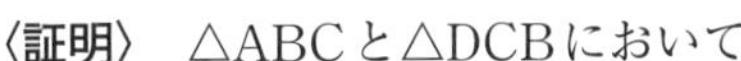

△ABC≡［△DCB］

合同な図形の対応する辺は等しいから　AC＝［BD］

例題２ 長方形の対角線の性質から，直角三角形の斜辺の中点の性質を右の図で導きなさい。

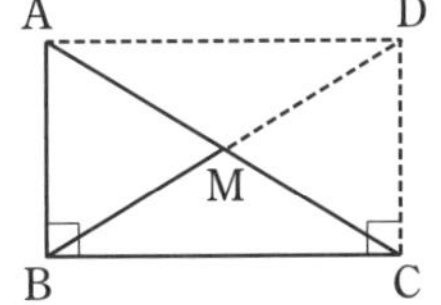

〈解答〉　長方形の対角線はそれぞれの中点で交わるから

MA＝［MC］＝$\frac{1}{2}$［AC］，MB＝$\frac{1}{2}$［BD］

また，AC＝［BD］　したがって　MA＝MC＝MB

要点 ❹ 平行線と面積 教 p.153〜p.154

面積が等しい三角形

△ABC＝△A′BC
は面積が等しいことを表すよ。

底辺を共有し，底辺に平行な直線ℓ上に頂点をもつ三角形は，**底辺が同じで高さが等しい**から，面積は等しくなる。

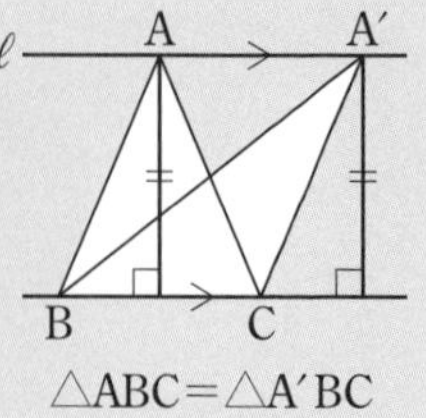

△ABC＝△A′BC

★１組の平行線があるとき，一方の直線上の２点から他の直線にひいた２つの垂線の長さは等しい。

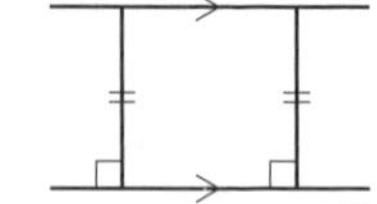

重要例題

例題１ 右の▱ABCDで，△BCDと面積の等しい三角形をすべて答えなさい。

〈解答〉 BCを底辺と考えると，AD∥BCなので，
△BCDと［△ABC］の面積は等しい。
CDを底辺と考えると，AB∥DCなので，
△BCDと［△ACD］の面積は等しい。
（底辺が同じで，高さが等しい）
また，合同だから，△BCD＝［△DAB］　答 △ABC, △ACD, △DAB

例題２ 右の四角形ABCDと面積が等しい△DECをつくりなさい。

〈解答〉 1 対角線BDをひく。
2 頂点Aを通り，BDに平行な直線ℓをひく。このとき，ℓ上に点E′をとると，△E′BD＝［△ABD］となる。
3 直線ℓと辺CBの延長との交点をEとすると，△EBD＝［△ABD］

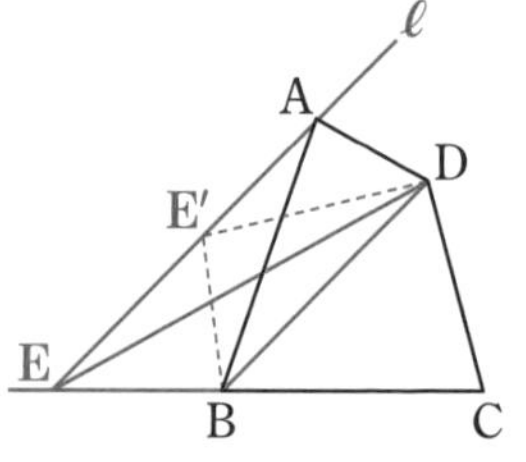

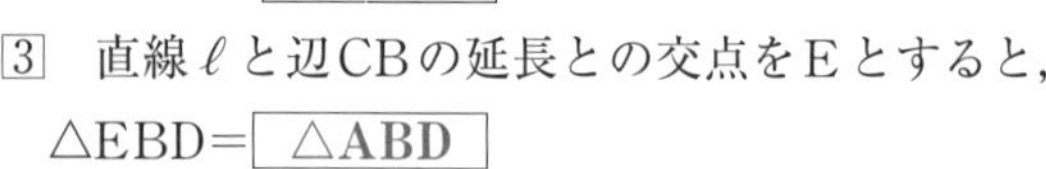
したがって，△［DEC］＝四角形ABCD
△EBD＋△DBC　　△ABD＋△DBC

p.95の「この考え方も身につけよう」も解いてみよう！

用語・公式 check!

□四角形の向かい合う辺を何というか。	対辺
□四角形の向かい合う角を何というか。	対角
□平行四辺形とは，２組の対辺がそれぞれ□な四角形をいう。	平行
□平行四辺形では，２組の□はそれぞれ等しい。	対辺(または,対角)
□平行四辺形では，対角線はそれぞれの□で交わる。	中点
□１組の対辺が□が等しい四角形は平行四辺形である。	平行でその長さ
□平行四辺形で，となり合う辺が等しい図形は何か。	ひし形
□平行四辺形で１つの角が直角である図形は何か。	長方形
□ひし形の対角線は□に交わる。	垂直
□長方形の対角線の長さは□。	等しい
□４つの角がすべて等しく，４つの辺がすべて等しい四角形は何か。	正方形
□直角三角形の斜辺の□は，この三角形の３つの頂点から等しい距離にある。	中点
□「４つの角が等しい四角形は，正方形である」の反例をあげなさい。	長方形

節末練習問題 教 p.155

〔平行四辺形の性質〕

1　▱ABCDの辺CDの中点をM，ADの延長と直線BMとの交点をNとする。
AB=4cm，AD=5cmのとき，

A　D　N
M
B　C

(1)　線分DMの長さを求めなさい。　（　2cm　）

(2)　線分DNの長さを求めなさい。　△BCM≡△NDM　（　5cm　）

〔平行四辺形の性質，平行四辺形になるための条件〕

でる **2** 右の図で，２つの四角形ABCD，ADFEはともに平行四辺形である。

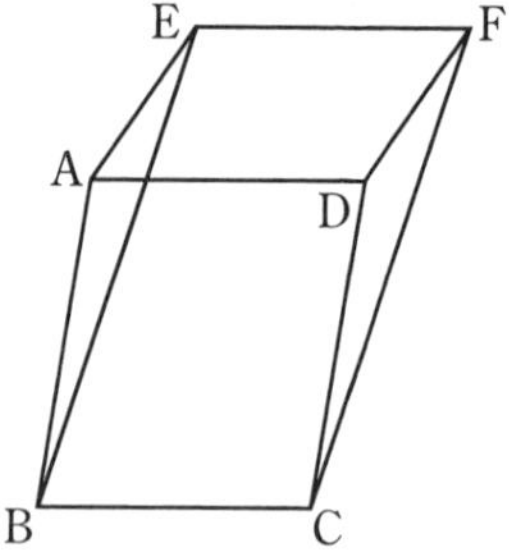

⑴ BC＝EF であることを証明しなさい。

〈証明〉 ▱ABCDで AD＝ **BC**

▱ADFEで **AD＝EF**

したがって， **BC** ＝ **EF**

⑵ 四角形BCFEが平行四辺形であることを証明しなさい。

〈証明〉 ▱ABCDで AD∥ **BC**

▱ADFEで AD∥ **EF**

したがって **BC∥EF** ……①

⑴より BC＝EF ……②

①，②より， **１組の対辺が平行でその長さが等しい** から，

四角形BCFEは平行四辺形である。

〔特別な平行四辺形〕

3 ▱ABCDの対角線の交点をOとする。2AO＝BD のとき，どのような四角形になるか。 対角線が等しくなる （ **長方形** ）

〔平行線と面積〕

4 右の図で，AB∥DC である。

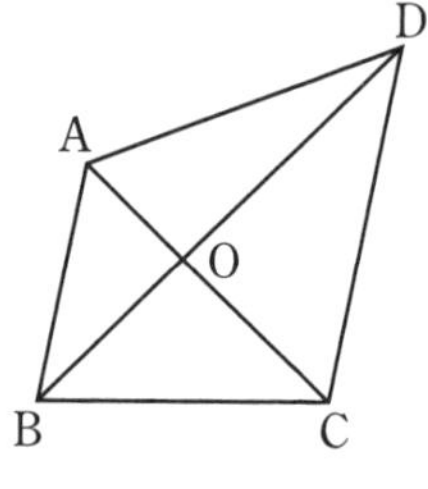

⑴ △BCDと面積が等しい三角形はどれか。

（ **△ACD** ）

⑵ ⑴のほかに，面積が等しい三角形の組があれば答えなさい。

△BOC＝△ABC－△ABO，△AOD＝△ABD－△ABO

（ **△ABCと△ABD，△AODと△BOC** ）

定期テスト対策

1 頂角が50°の二等辺三角形の底角の大きさは何度か。

(180°−50°)÷2=65° （ 65° ）

2 BCを底辺とする二等辺三角形ABCにおいて，∠ABCの二等分線が辺ACと交わる点をDとする。∠BAC=36°のとき，BC=BD，AD=BDとなることを証明しなさい。

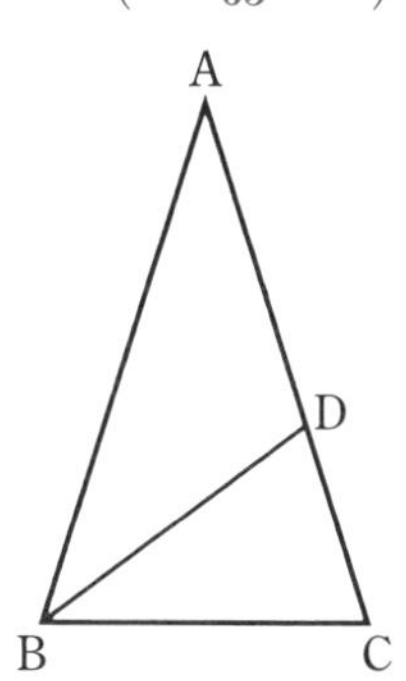

〈証明〉 △BCDにおいて

∠ABC=∠BCD=(180°−36°)÷2=[72]°

∠DBC=[36]°，∠BDC=[72]°

よって，△BCDは∠DBCを頂角とする

[二等辺三角形]になる。

したがって，[BC]=BD

同様にして，△ABDにおいて，∠DAB=[36]°，∠DBA=[36]°

よって，△ABDは∠ADBを頂角とする[二等辺三角形]になる。

したがって [AD]=BD

3 下の図の，▱ABCDに次の条件が加わると，どのような四角形になるか。

(1) ∠B=90° （ 長方形 ）

(2) AD=DC （ ひし形 ）

(3) ∠A=∠D （ 長方形 ）

(4) AO=OD （ 長方形 ）

(5) ∠AOD=∠DOC （ ひし形 ）

(6) AC=BD，AB=BC （ 正方形 ）

(7) AC⊥BD，AC=BD （ 正方形 ）

(8) ∠AOD=90° （ ひし形 ）

でる **4** 右の図で，四角形ABCDは平行四辺形，Eは辺AD上の点で，∠ABE＝∠EBC，EC＝DC である。∠EAB＝100° のとき，∠BECの大きさを求めなさい。

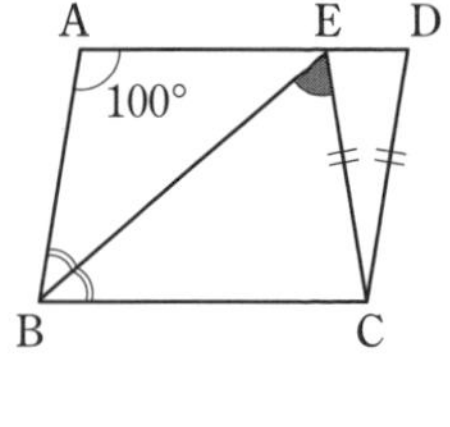

∠CED＝∠CDE＝∠ABC＝180°－100°＝80°
∠AEB＝∠EBC＝40°（平行線の錯角）
∠BEC＝180°－∠CED－∠AEB＝180°－80°－40°＝60°

（ **60°** ）

5 右の図の四角形ABCDは，AB＝7cm，AD＝5cm の平行四辺形である。∠A の二等分線とBCの延長との交点をEとするとき，CEの長さを求めなさい。

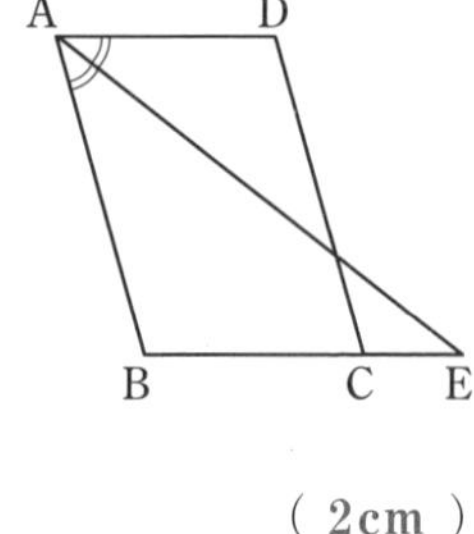

∠DAE＝∠BEA（平行線の錯角）
∠BAE＝∠BEAより，BE＝BA＝7（cm）
CE＝BE－BC＝7－5＝2（cm）

（ **2cm** ）

6 ▱ABCDの対角線の交点をOとし，Oを通る直線がAD，BCと交わる点をE，Fとすれば，OE＝OF である。このことを証明しなさい。

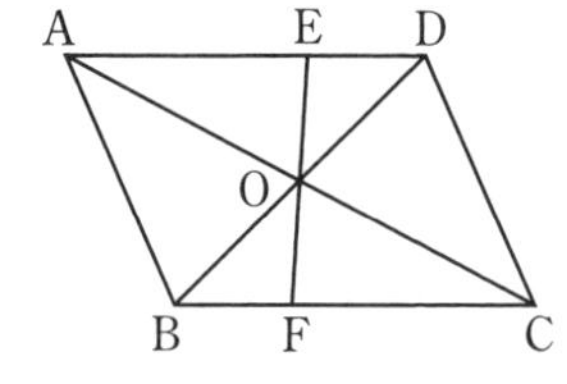

〈証明〉 △AOEと［ **△COF** ］において

対頂角は等しいから　［ **∠AOE＝∠COF** ］　……①

AD//BCより，平行線の［ **錯角** ］は等しいから

∠EAO＝［ **∠FCO** ］　……②

平行四辺形の［ **対角線はそれぞれの中点で交わる** ］から

OA＝［ **OC** ］　……③

①，②，③より，［ **1組の辺とその両端の角** ］がそれぞれ等しいから

△AOE≡［ **△COF** ］

合同な図形の対応する辺は等しいから　OE＝OF

でる **7** ▱ABCDの対角線の交点をOとし，対角線BD上にOE＝OFとなるように2点E，Fをとれば，四角形AECFは平行四辺形となる。このことを証明しなさい。

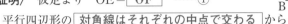

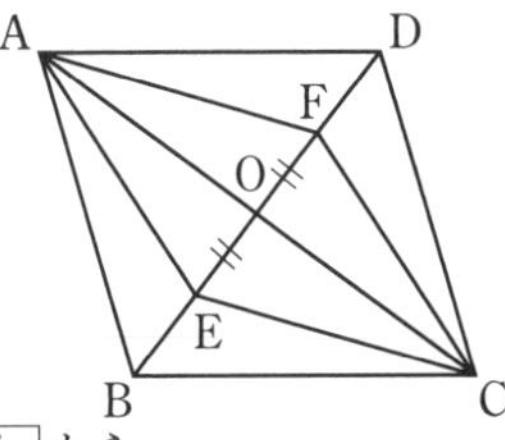

〈証明〉 仮定より OE＝ **OF** ……①

平行四辺形の **対角線はそれぞれの中点で交わる** から

OA＝ **OC** ……②

①，②より， **対角線がそれぞれの中点で交わる** から，四角形AECFは平行四辺形である。

この考え方も身につけよう

平行線と面積の作図

問 右の図のように，長方形が折れ線ABCで2つの部分①，②に分かれている。点Aを通り，それぞれの部分の面積を変えないような直線をひきなさい。

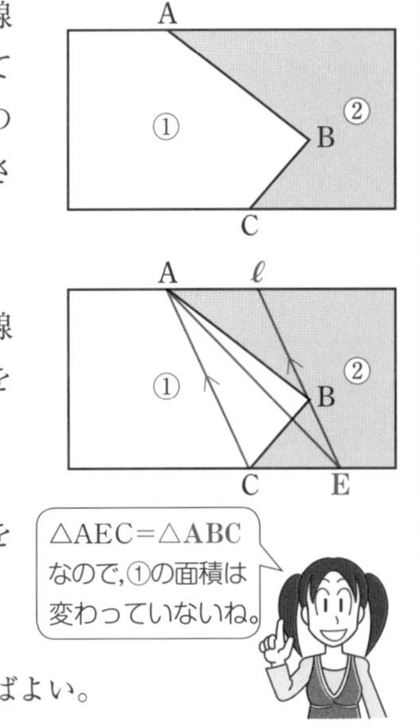

〈解答〉 1 線分ACをひく。

2 頂点Bを通り，ACに平行な直線ℓをひく。このとき，ℓ上に点E′をとると

△AE′C＝ **△ABC**

3 直線ℓと点Cのある辺との交点をEとすると

△AEC＝ **△ABC**

したがって， **直線AE** をひけばよい。

起こりやすさをとらえて説明しよう ——確率

1節 確率　2節 確率による説明

1節　確率　❶ 同様に確からしいこと　教 p.162〜p.166

❷ いろいろな確率　教 p.167〜p.169

2節 確率による説明　教 p.171〜p.173

1つのさいころを投げるとき，3の倍数が出る確率は $\frac{2}{6}=\frac{1}{3}$ だよ。

確率の求め方……**起こりうる場合**が全部でn**通り**あり，どの場合が起こることも**同様に確からしい**とする。そのうち，**ことがらAの起こる場合**がa**通り**あるとき，**Aの起こる確率**pは，$p=\frac{a}{n}$

確率の範囲……あることがらの起こる確率をpとすると，pのとりうる値は，つねに$0 \leqq p \leqq 1$の範囲。

樹形図（じゅけいず）……起こりうる場合をすべてあげてかいた図。

例　A，Bがじゃんけんをしたときの起こりうる結果を表した樹形図

A	B	A	B	A	B
	グー		グー		グー
グー	チョキ	チョキ	チョキ	パー	チョキ
	パー		パー		パー

ことがらAの起こらない確率

（Aの起こらない確率）＝1－（Aの起こる確率）

★・起こりうる結果のどれが起こることも同じ程度に期待できるとき，どの結果が起こることも**同様に確からしい**という。

・かならず起こることがらの確率は1，決して起こらないことがらの確率は0である。

さいころで小数の目が出る確率は0，整数の目が出る確率は1だね。

例題1 ジョーカーを除く52枚のトランプから1枚をひくとき，ひいたカードがスペードである確率を求めなさい。

〈解答〉 起こりうる結果は全部で[52]通りで，そのどれが起こることも[同様に確からしい]といえる。このうち，スペードである場合は[13]通りある。したがって，52枚のトランプから1枚をひいたとき，

$$\text{スペードである確率}=\frac{\boxed{13}}{\boxed{52}}=\frac{\boxed{1}}{\boxed{4}}$$

例題2 「2枚のコインを同時に投げるとき，表と裏が出る確率を求めなさい。」という問題を，次のように考えたが正しくない。誤りを説明し，正しい答を求めなさい。

起こりうる結果は全部で，
［2枚とも表］，［1枚が表で1枚が裏］，［2枚とも裏］の3通りで，どの結果が起こることも同様に確からしい。したがって，表と裏が出る確率は$\frac{1}{3}$である。

〈解答〉（誤り） 表，裏の出方を3通りとして，それらを同様に確からしいとしたこと。

（正しい答） 2枚のコインをA，Bと区別し，右のような樹形図をかくと，起こりうる結果は全部で[4]通りで，どれが起こることも同様に確からしい。このうち，「表と裏が出る」のは[2]通りなので，求める確率は$\boxed{\frac{1}{2}}$。

A	B	
表	表	
	裏	○
裏	表	○
	裏	

例題3 a, b, cの3人から，くじびきで2人を選んでチームをつくるとき，チームのなかにaがふくまれる確率を求める方法を，dは次のように考えたが，この考え方には，むだがあることに気づいた。

起こりうる結果は全部で，　ⓐ＜b, c　b＜ⓐ, c　c＜ⓐ, b

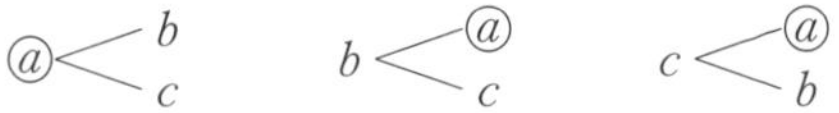

の6通りで，a がふくまれるのは4通りであるから，確率は $\frac{4}{6}=\frac{2}{3}$

次の，むだのない求め方を完成させなさい。

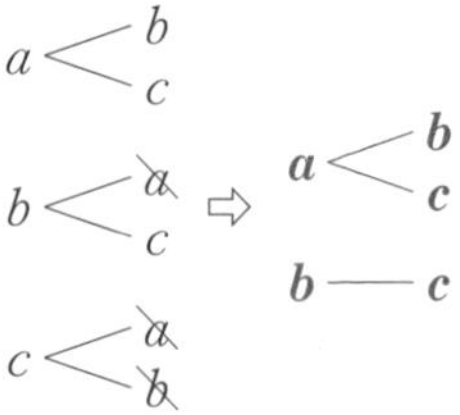

〈解答〉　2人を選ぶとき，a と b を選ぶ場合と，b と a を選ぶ場合は［同じ］である。

このことに注意して，チームのつくり方を全部あげると，$\{a, b\}$，［$\{a, c\}$，$\{b, c\}$］

a＜b, c　b＜~~a~~, c　c＜~~a~~, ~~b~~　⇨　a＜b, c　b — c

の［3］通りで，どの場合が起こることも同様に確からしい。このうち，

a がふくまれるのは［2］通りなので，求める確率は［$\frac{2}{3}$］である。

例題4 大小2つのさいころを投げるとき，目の数の和がいくつになる場合の確率がもっとも大きいか。また，その確率を求めなさい。

〈解答〉　たとえば，小さいさいころの目が3，大きいさいころの目が1となる結果を〔3，1〕といったように表し，起こりうる結果を表に書くと，

小＼大	1	2	3	4	5	6
1	〔1，1〕	〔1，2〕	〔1，3〕	〔1，4〕	〔1，5〕	〔1，6〕
2	〔2，1〕	〔2，2〕	〔2，3〕	〔2，4〕	〔2，5〕	〔2，6〕
3	〔3，1〕	〔3，2〕	〔3，3〕	〔3，4〕	〔3，5〕	〔3，6〕
4	〔4，1〕	〔4，2〕	〔4，3〕	〔4，4〕	〔4，5〕	〔4，6〕
5	〔5，1〕	〔5，2〕	〔5，3〕	〔5，4〕	〔5，5〕	〔5，6〕
6	〔6，1〕	〔6，2〕	〔6，3〕	〔6，4〕	〔6，5〕	〔6，6〕

起こりうる結果は全部で［36］通りで，どれが起こることも同様に確からしい。このうち，目の数の和が［7］となるときが［6］通りで，もっとも多い。したがって，目の数の和が［7］となる場合の確率がもっとも大きく，その確率は，$\frac{6}{36}=\frac{1}{6}$

例題5 あるくじを1回ひくとき，あたりをひく確率が$\frac{2}{5}$ならば，あたりをひかない確率はいくらか。

〈解答〉 あたりをひかない確率は，[1]−(あたりをひく確率)で求められるので，[1]$-\frac{2}{5}=$[$\frac{3}{5}$]

答 $\frac{3}{5}$

例題6 大小2つのさいころを投げるとき，目の数の和が4にならない確率はいくらか。**例題4**の表を使って求めなさい。

〈解答〉 目の数の和が4になる確率は[$\frac{1}{12}$]なので，$1-$[$\frac{1}{12}$]$=$[$\frac{11}{12}$]

例題7 3枚の50円硬貨を投げるとき，少なくとも1枚は表が出る確率を求めなさい。

〈解答〉「少なくとも1枚は表が出る場合」とは，表の出る枚数が，[1，2，3]枚のどれかである場合であり，「表が[0]枚で，裏が[3]枚」とならない場合である。3枚の50円硬貨を，A，B，Cと区別して，樹形図をかくと，3枚とも裏が出る確率は[$\frac{1}{8}$]。

したがって，少なくとも1枚は表が出る確率は，

$1-$[$\frac{1}{8}$]$=$[$\frac{7}{8}$]

答 $\frac{7}{8}$

3枚が表	○
2枚が表，1枚が裏	○
1枚が表，2枚が裏	○
3枚が裏	×

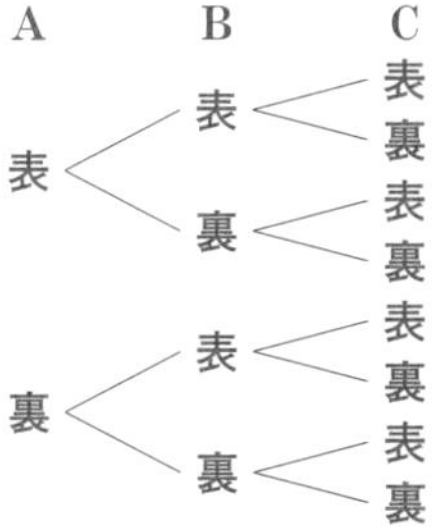

A	B	C
表	表	表
		裏
	裏	表
		裏
裏	表	表
		裏
	裏	表
		裏

例題8 A，Bの2人が，3本のうち1本のあたりくじが入っているくじをひく。A，Bの順に1本ずつくじをひくとき，どちらのほうがあたる確率が大きいかを説明しなさい。

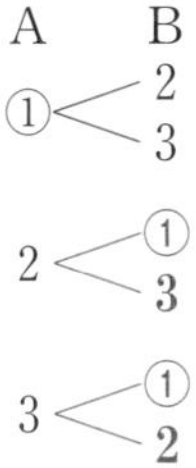

〈解答〉 くじに番号をつけ，あたりくじを①，はずれくじを2，3で表し樹形図をかいて調べると，Aのあたる確率は[$\frac{1}{3}$]，Bのあたる確率は[$\frac{1}{3}$]となるので，あたる確率は[同じである]。

A	B
①	2
	3
2	①
	3
3	①
	2

用語・公式 check!

□起こりうる場合が全部でn通りあり，どの場合が起こることも同様に確からしいとする。そのうち，ことがらAの起こる場合がa通りあるとき，Aの起こる確率pを求める式は□である。	$p=\frac{a}{n}$
□起こりうる場合をすべてあげてかいた図を何というか。	樹形図
□かならず起こることがらの確率は□である。	1
□決して起こらないことがらの確率は□である。	0
□あたる確率が$\frac{2}{7}$であるくじで，あたらない確率は□である。	$\frac{5}{7}$

節末練習問題

教 p.170

〔確率の求め方〕

でる **1** 袋（ふくろ）の中に，白球2個，黒球3個，黄球5個が入っている。この袋の中から球を1個取り出す。

(1) 起こりうる場合は全部で何通りあるか。

（ **10通り** ）

(2) 白球を取り出す確率を求めなさい。

（ $\frac{1}{5}$ ）

アドバイス

同じ色の球どうしも区別して考える。(2)で，$\frac{1}{3}$としてしまわないように注意する。

〔樹形図と確率〕

2 1，3，5，7の数字を記入した4枚のカードがある。このカードをよくきってから1枚ずつ2回続けてひき，ひいた順に並べて，2けたの整数をつくる。できる整数が37以上になる確率を求めなさい。

1 ＜ 3…13, 5…15, 7…17
3 ＜ 1…31, 5…35, 7…㊲
5 ＜ 1…㉛→51(○), 3…53(○), 7…57(○)
7 ＜ 1…71(○), 3…73(○), 5…75(○)

（ $\frac{7}{12}$ ）

定期テスト対策

1　正二十面体のさいころに，1から20までの数が書いてある。これを投げるとき，いちばん上の面の数が3の倍数となる確率を求めなさい。

3，6，9，12，15，18の6通り　　（ $\frac{3}{10}$ ）

2　a，b，c の3人の男子と，d，e の2人の女子がいる。男子のなかから1人，女子のなかから1人をそれぞれくじびきで選んでテニスのダブルスのペアをつくる。

(1)　ペアのつくり方が全部で何通りあるか求めなさい。

女＼男	a	b	c
d	〔a，d〕	〔b，d〕	〔c，d〕
e	〔a，e〕	〔b，e〕	〔c，e〕

（ 6通り ）

(2)　c と d が同じペアになる確率を求めなさい。

（ $\frac{1}{6}$ ）

3　2つのさいころA，Bを投げるとき，次の問に答えなさい。

(1)　目の数の和が8となる確率を求めなさい。

(A，B)＝(2，6)，(3，5)，(4，4)，(5，3)，(6，2)　　（ $\frac{5}{36}$ ）

(2)　目の数の和が13以上になる確率を求めなさい。

（ 0 ）

4　2枚のコインを同時に投げるとき，2枚とも表が出る確率を求めなさい。

2枚のコインをA，Bと区別する

A	B	
表	表	○
	裏	×
裏	表	×
	裏	×

（ $\frac{1}{4}$ ）

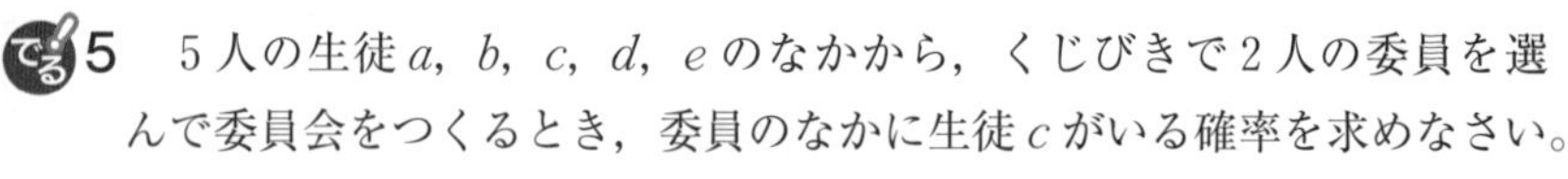

5　5人の生徒a，b，c，d，eのなかから，くじびきで2人の委員を選んで委員会をつくるとき，委員のなかに生徒cがいる確率を求めなさい。

〈解答〉　a，bが委員に選ばれても，b，aが委員に選ばれても，委員の構成は同じものであることに注意して，委員会のつくり方をすべてあげると，

$\{a,\ b\}$，$\{a,\ c\}$，$\{a,\ d\}$，$\{a,\ e\}$
$\{b,\ c\}$，$\{\boldsymbol{b},\ \boldsymbol{d}\}$，$\{\boldsymbol{b},\ \boldsymbol{e}\}$
$\{\boldsymbol{c},\ \boldsymbol{d}\}$，$\{\boldsymbol{c},\ \boldsymbol{e}\}$
$\{\boldsymbol{d},\ \boldsymbol{e}\}$

の［**10**］通りある。

a ─ b，c，d，e
b ─ c，$\boldsymbol{d}$，$\boldsymbol{e}$
$\boldsymbol{c}$ ─ $\boldsymbol{d}$，$\boldsymbol{e}$
$\boldsymbol{d}$ ─ $\boldsymbol{e}$

このうちのどれが起こることも同様に確からしい。一方，生徒cがふくまれるのは，［**4**］通りあるから，求める確率は，$\dfrac{\boxed{4}}{\boxed{10}}=\boxed{\dfrac{2}{5}}$である。

6　男子Aと女子B，Cの3人がいる。くじびきで順番を決めて1列に並ぶとき，女子2人がとなり合って並ぶ確率を求めなさい。

A ─ (B−C) ○，(C−B) ○
B ─ A−C ×，C−A ○
C ─ A−B ×，B−A ○

全部で6通りのうち，女子2人がとなり合うのは4通りなので，

$\dfrac{4}{6}=\dfrac{2}{3}$　　（　$\dfrac{2}{3}$　）

7　1円，5円，10円，100円の硬貨（こうか）がそれぞれ1枚ずつある。この中から2枚を取り出したとき，合計が100円以上になる確率を求めなさい。

1円 ─ 5円…　6円，10円…　11円，100円…101円
5円 ─ 10円…　15円，100円…105円
10円 ── 100円…110円

全部で6通りのうち，合計が100円以上になるのは3通りなので，

$\dfrac{3}{6}=\dfrac{1}{2}$　　（　$\dfrac{1}{2}$　）

8 大小2個のさいころを投げて，大きいさいころの出た目の数を x，小さいさいころの出た目の数を y とするとき，$y-4x=-2$ が成り立つ確率を求めなさい。

目の出方は全部で36通り。$y-4x=-2$ を整理すると，$y=4x-2$
x に1，2，3，4，5，6を代入したとき，y が1以上6以下の整数になるのは，
$x=1$，$y=2$ と $x=2$，$y=6$ の2通りなので，$\frac{2}{36}=\frac{1}{18}$　　（　$\frac{1}{18}$　）

この考え方も 身につけよう

点が移動する確率

問　右の図のように，1辺が1cmの正方形ABCDがある。点Pは頂点Aの位置にあり，1枚の硬貨を1回投げるごとに，表が出れば2cm，裏が出れば1cmだけ，正方形の辺上をA，B，C，…の順に動く。

A　D　P　1cm　B　C　1cm

(1)　1枚の硬貨を2回投げたとき，1回目は裏，2回目は表が出た。このとき，点Pはどの頂点にあるか。

〈解答〉　1回目に **1** cm，2回目に **2** cm進むので，点Pは **点D** にある。

(2)　1枚の硬貨を3回投げるとき，点Pが頂点Aにある確率を求めなさい。

硬貨を投げた結果で，点Pがどの点に進むか，具体的に考えていこう。

〈解答〉　表が3回出ると，点Pは **点C** にある。
表が2回，裏が1回出ると，点Pは **点B** にある。
表が1回，裏が2回出ると，点Pは **点A** にある。
裏が3回出ると，点Pは **点D** にある。
樹形図をかくと，起こりうる結果は **8** 通り。そのうち，表が **1** 回，

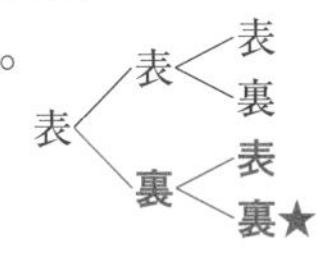

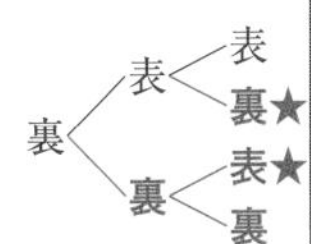

裏が **2** 回出るのは，**3** 通りあるので，求める確率は $\frac{3}{8}$

7章 データを比較して判断しよう ——データの比較

1節 四分位範囲と箱ひげ図

❶ 四分位範囲と箱ひげ図　教 p.180〜p.185

四分位数……データを小さい順に並べて4等分したときの，3つの区切りの値。小さいほうから順に，**第1四分位数，第2四分位数，第3四分位数**という。第2四分位数は，中央値のことである。

箱ひげ図……四分位数を，最小値，最大値とともに，下の図のように表したもの。

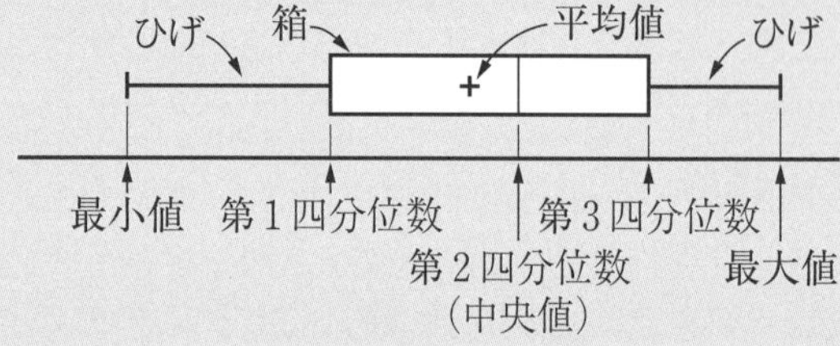

右の図のように，箱ひげ図に平均値の位置を表すこともあるよ。また，箱ひげ図を縦にかくこともあるよ。

四分位範囲……第3四分位数から第1四分位数をひいた差の値。箱ひげ図の箱の横の長さ。

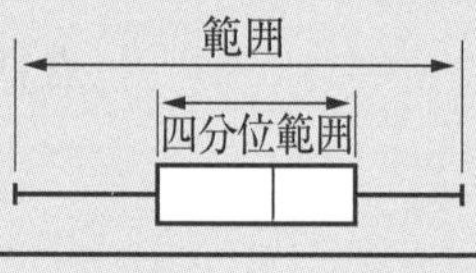

（四分位範囲）＝（第3四分位数）－（第1四分位数）

ヒストグラムと箱ひげ図

ヒストグラムでは分布の形や最頻値がわかりやすいが，中央値はわかりにくい。一方，箱ひげ図は，中央値を基準にした散らばりのようすがとらえやすい。

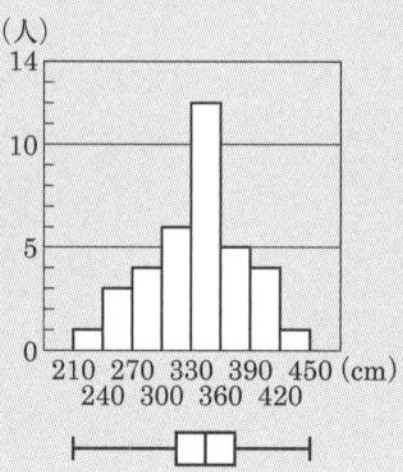

例題1 次のデータは，13人のゲームの得点の結果を，低いほうから順に整理したものである。このデータについて，下の問に答えなさい。

21　24　28　29　32　34　36　37　38　39　41　46　48　（単位 点）

(1) 最小値，最大値，範囲を求めなさい。

(2) 四分位数を求めなさい。

(3) 四分位範囲を求めなさい。

(4) 箱ひげ図をかきなさい。

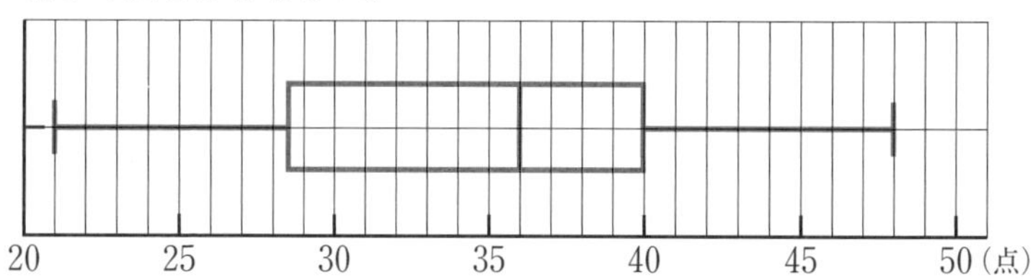

〈解答〉 (1) 最小値は 21 点，最大値は 48 点なので，

範囲は 48 − 21 = 27（点）

(2) 第2四分位数……データの個数は13で奇数で，あるから，中央値は7番目の値の 36 点である。

第1四分位数……最小値をふくむほうの6個のデータの中央値なので，

（28 + 29）÷2 = 28.5（点）　← 3番目と4番目の平均値

第3四分位数……最大値をふくむほうの6個のデータの中央値なので，

（39 + 41）÷2 = 40（点）　← 10番目と11番目の平均値

(3) （四分位範囲）=（第3四分位数）−（第1四分位数）なので，

40 − 28.5 = 11.5（点）

(4) 上の図

用語・公式 check!

□データを小さい順に並べて4等分したときの，3つの区切りの値を何というか。 **四分位数**

□［　　］＝(第3四分位数)−(第1四分位数)である。 **四分位範囲**

□最小値，第1四分位数，第2四分位数，第3四分位数，最大値を，下のように表した図を何というか。 **箱ひげ図**

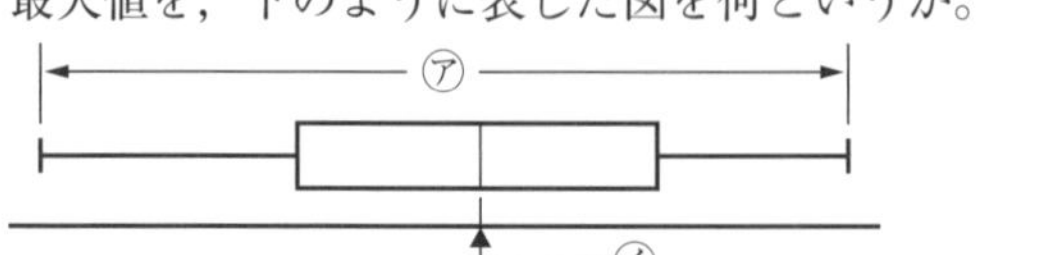

・㋐は［　　］を表す。 **範囲**

・㋑は［　　］を表す。 **第2四分位数(または，中央値)**

節末練習・問題

〔四分位範囲と箱ひげ図〕

1 次のデータは，10人の生徒の1週間の学習時間を調べ，短いほうから順に整理したものである。

3　5　7　7　9　11　12　14　16　17　(単位　時間)

(1) 四分位数を求め，次の表を完成させなさい。

	最小値	第1四分位数	第2四分位数	第3四分位数	最大値
学習時間	3	7	10	14	17

(2) 箱ひげ図をかきなさい。

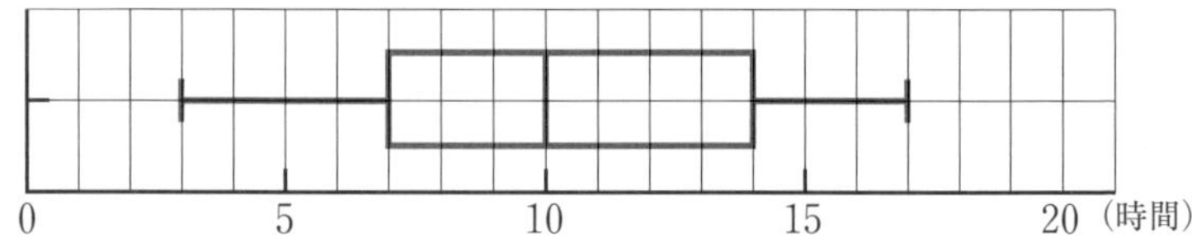

定期テスト対策

でる 1　次のデータは，あるクラスの１班12人と２班11人の生徒の，ハンドボール投げの記録を調べ，短いほうから順に整理したものである。

１班	11	13	16	16	17	19	21	21	23	26	28	29
２班	12	15	17	18	20	20	24	25	27	30	30	

(m)

(1)　１班，２班それぞれの四分位数を求め，次の表を完成させなさい。

	第１四分位数	第２四分位数	第３四分位数
１班	16m	20m	24.5m
２班	17m	20m	27m

3番目と4番目の平均値　6番目と7番目の平均値　9番目と10番目の平均値

3番目　6番目　9番目

(2)　１班，２班それぞれの四分位範囲を求めなさい。

1班…24.5－16＝8.5

2班…27－17＝10

（　1班　8.5m，2班　10m　）

(3)　１班，２班それぞれの箱ひげ図をかきなさい。

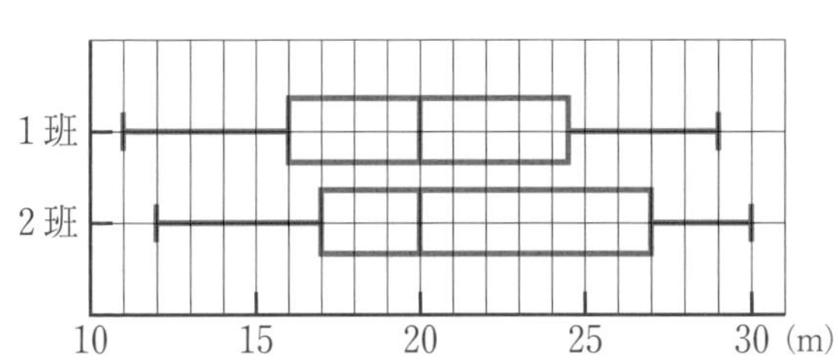

2 次のヒストグラムは，㋐〜㋒の箱ひげ図のいずれかに対応している。その箱ひげ図を記号で答えなさい。

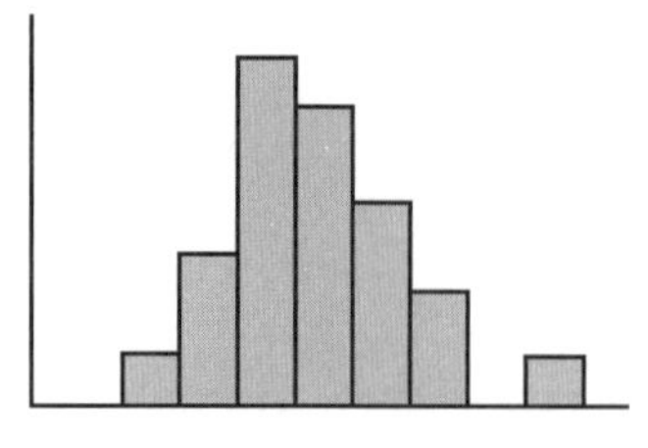

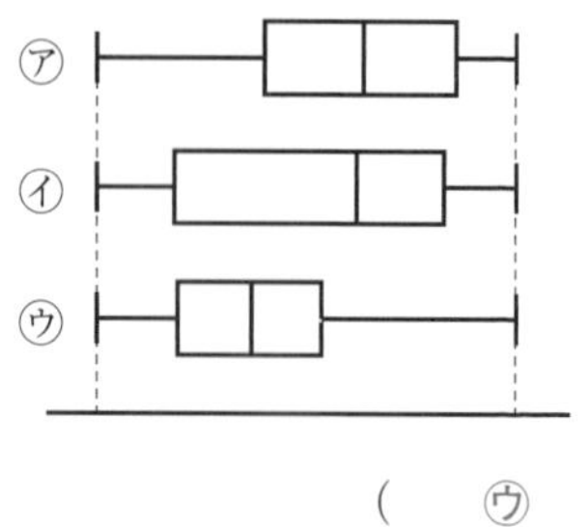

（　㋒　）

3 下の図は，グループＡとグループＢのそれぞれ20人の通学時間を調べ，その分布のようすを箱ひげ図に表したものである。このとき，箱ひげ図から読みとれることとして正しくないものをいいなさい。

㋐　どちらのグループにも，通学時間が23分の生徒がかならずいる。
㋑　どちらのグループもデータの四分位範囲は９分である。
㋒　どちらのグループにも，通学時間が15分以上の生徒は10人以上いる。
㋓　グループＢの通学時間のほうが，グループＡの通学時間のデータより範囲が大きい。

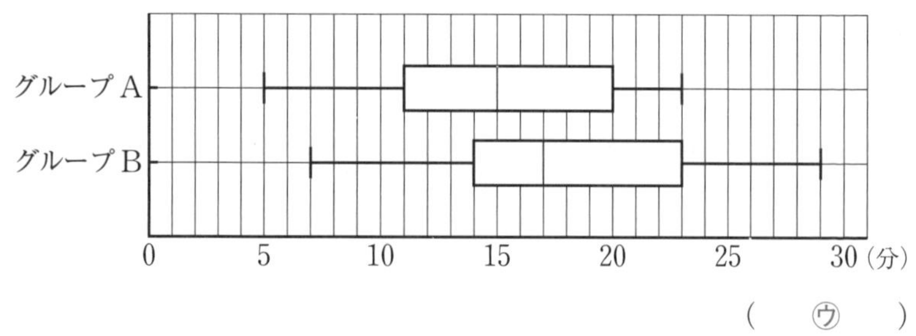

（　㋒　）